# 前言

　　本书根据《国家职业教育改革实施方案》文件精神编写而成,以推进"三教"改革,落实立德树人为根本任务,以培养德技并修的技术技能人才为出发点,以社会需求为导向,通过校企合作,根据教育部高等职业教育土建类专业的人才培养要求编写。

　　工程测量是一门实践性很强的课程,工程测量实训对完善学生知识体系和形成关键的职业能力,起着举足轻重的作用。本书按照企业的生产过程和测量岗位能力标准,把工程测量的主要实训内容分解为19个课内任务和2个综合实训项目。其中,19个课内实训任务主要用于教学中各章节课内实训教学;2个综合实训项目主要用于期末集中实训周教学使用。实训项目的设置突出了实用性和可操作性,基本涵盖了工程测量所需要的基本技能和方法。不同专业的学生可根据培养要求和课时不同,选做部分实训内容。

　　本书的课内实训项目配套微课视频,方便学生实训时观看。立体化教学资源的建设,得到了南京大学出版社的大力支持,朱彦霖编辑在本书的数字化出版和立体化建设过程给予了宝贵意见及技术支持。

　　本书由扬州工业职业技术学院姜献东、于银霞担任主编,程浩、陶玉鹏、纪荣健、葛晨、傅乃强、陈东军参与编写。在编写过程中,东南大学范国雄、江苏省测绘地理信息职业技能鉴定指导中心杨伯宏、中国建筑第二工程局有限公司宋云虎提出了宝贵意见,广东南方纪元科技有限公司谭毅在资源和素材方

面给予了大力支持,在此表示感谢。

本书在编写过程中参考了相关的规范、标准、书籍、文献(包括网络文献),在此向原作者表示感谢。

由于编者水平有限,书中难免存在疏漏和错误,敬请读者批评指正。

编　者

2024 年 12 月

# 目录

# 立体化资源目录

# 第一部分

# 工程测量实训须知

## 【工程测量实训总体要求】

1. 工程测量的理论学习、课内实训和综合实训是本课程的三个重要学习环节。坚持理论与实践的紧密结合，才能真正掌握工程测量的基本理论和基本技术方法。测量实训之前，必须认真复习教材中的相关内容，弄清基本原理和方法，了解实训的目的要求、方法、步骤和有关注意事项，在实训前准备好本次实训所需的记录表格和文具，如铅笔、小刀以及计算器等，使实训工作能按计划顺利完成。

2. 实训分小组进行，根据班级人数划分实训小组，每个小组以 4～5 人为宜，实行组长负责制，组长负责组织协调工作，仪器工具的借领、保管和归还手续。小组成员之间应分工合作、互相配合，努力提高团队合作能力。

3. 服从指导教师的安排，必须遵守本书列出的"测量仪器工具的借领规定与使用规则"和"测量数据记录与计算规则"。每人都必须认真、仔细地操作，按时、独立地完成任务，培养独立工作能力和严谨的科学态度。

4. 每项实训都应取得合格的成果，提交书写工整、规范的实训报告，经指导教师审阅同意后，才可归还测量仪器和工具，结束工作。实训报告作为评价实训成绩的主要依据。

5. 实训应在规定的时间内完成，不得无故缺席或迟到早退。实训应在指定的场地进行，不得擅自改变地点或离开现场。

6. 在实训过程中，还应遵守纪律，爱护环境及公共设施，保护仪器，注意人身安全。

## 【测量仪器工具的借领规定】

测量仪器是精密光学仪器，或是光、机、电一体化贵重设备，对测量仪器工具的正确使用、精心爱护和科学保养，是测量人员必须具备的素质，也是提高测量工作效率、延长仪器工具使用寿命和保证测量成果质量的必要条件。在仪器工具的借领与使用中，必须严格遵守下列规定。

1. 以小组为单位稍提前到指定地点领取仪器、工具，借领时由实训组长及组员（共 2 人）凭学生证填写仪器借用清单，办理借领手续。领借时应当场对仪器、工具进行清点和检查，如有缺少或损坏应立刻报告实验管理人员，以保证实训的正常进行，做到责任分明。

2. 领取仪器时，注意检查仪器所要求的配套工具是否正确；仪器和脚架是否配套；脚架是否完好；脚架的各个螺旋是否可正常使用；仪器箱是否扣紧、锁好，拉手和背带是否牢固。并注意轻拿轻放，避免剧烈震动。

3. 借出仪器工具之后，不得擅自与其他小组调换或转借给别人。

4. 实训结束。应及时收装仪器工具，送还借领处检查验收，办理归还手续。如有遗失或损坏，应撰写书面报告说明情况，并按有关规定给予赔偿。

## 【测量仪器、工具的操作规程】

### （一）仪器的安置

1. 伸缩三脚架使脚架高度适中、跨度适中，应使架头大致水平。若为泥土地面，应将

脚架踩实,以防仪器下沉。

2. 三脚架安置稳妥之后,方可打开仪器箱。开箱前应将仪器箱放在平稳处,严禁托在手上或抱在怀里开箱,以免摔坏仪器。取放仪器应轻拿轻放,保证仪器安全。

3. 打开仪器箱之后,要看清并记住仪器在箱中的安放位置,以便装箱。

4. 取出仪器时,双手握住支架或基座,轻轻取出仪器放在三脚架上,旋紧连接螺旋,使仪器与脚架连接牢固。

5. 连接好仪器之后注意随即关闭仪器箱盖,防止沙土、灰尘等不洁之物等进入箱内,同时防止搬动仪器时丢失附件。

6. 仪器箱不能承重,严禁坐仪器箱。

7. 严禁将仪器安置在交通干道上。仪器架设完成后,1 m 范围内必须有人看护,防止他人碰到脚架或仪器。

8. 架设脚架时根据作业内容和主要观测方向,尽量避免观测者骑在架腿上观测。

### (二) 仪器的使用

1. 操作仪器只能由一人独立完成,小组其他成员只能言语帮助,不得多人同时操作一台仪器。

2. 接触仪器时,要尽量避免触摸仪器的目镜、物镜,以免沾污镜头,影响成像质量,严禁用手指或手帕等去擦拭仪器的目镜、物镜等光学部分。

3. 操作仪器及脚架螺旋时,用力要均匀,动作要轻缓,用力过大会造成仪器损伤。各制动螺旋勿拧过紧,各微动螺旋勿转至尽头,防止失灵,宜使用中段螺纹。

4. 转动仪器时,应先松开制动螺旋,然后平稳转动使用微动螺旋时,应先旋紧制动螺旋。

5. 如发现仪器转动不灵活时应立即停止转动,及时向指导教师报告,不得擅自处理。

6. 雨天应停止作业,避免仪器淋雨,烈日高温下应给仪器撑伞,避免仪器暴晒。

7. 使用电子仪器时应注意避免在强磁场或强辐射环境中使用。

### (三) 仪器的搬迁

1. 在行走不便的地区或远距离迁站时,必须将仪器装箱后再迁站。

2. 较短距离且平坦地区迁站时,可将仪器连同脚架搬迁。其方法是首先检查连接螺旋是否旋紧,然后松开各制动螺旋使仪器保持初始位置(经纬仪或全站仪物镜对向度盘中心,水准仪物镜向后),再收拢三脚架,一手托住仪器的支架或基座于胸前,一手抱住脚架放在肋下,稳步行走。严禁斜扛仪器或奔跑,以防摔倒。

3. 迁站时,小组其他成员要清点所有仪器、工具,防止丢失。

### (四) 仪器的装箱

1. 仪器使用完毕,应及时清除仪器上的灰尘及脚架上的泥土。

2. 仪器装箱前应先松开各制动螺旋,将脚螺旋和微动螺旋旋至中段,再一手扶住仪器,一手松开连接螺旋,双手取下仪器装箱。

3. 仪器装箱时应先松开各制动螺旋,使仪器就位正确,试关箱盖确认放妥后,再稍稍拧紧制动螺旋,关箱上锁。若遇仪器箱盖关不严时,应注意查找原因,不可强压箱盖,以防压坏仪器。

4. 盖箱之前,清点箱内附件,检查有无遗失。

### (五) 测量工具的使用

一切测量工具都应保持清洁,专人保管搬运,不能随意放置。

1. 各种标尺和花杆:注意防水、防潮和防止横向受力,不能磨损尺面刻划的漆。工作间歇不用时应安放稳妥,不得垫坐,不得将标尺和花杆随便往树上或墙上立靠,以防滑倒摔坏或磨损尺面。使用标尺和花杆时应扶稳立直,绝不允许脱开双手。

2. 钢尺:应避免扭曲、打结折断,防止行人踩踏车辆碾压及沾水。量距时,不得在地面上拖拽,以防钢尺尺面刻划损坏。用完后,将其擦净并涂油防锈。

3. 皮尺:应均匀用力拉伸,避免沾水。若受潮应及时晾干。

4. 小件工具:如垂球、测钎和尺垫等使用完即收,防止遗失。

### 【测量数据记录与计算规则】

测量数据是外业观测成果,也是内业数据处理的依据。在测量记录或计算时必须严肃认真,一丝不苟,严格遵守下列规则:

1. 测量数据需用铅笔记录,且记录完整。在测量之前,准备好硬芯铅笔(2H 或 3H 等)。

2. 记录观测数据之前,填写表头观测者、记录者、仪器型号、日期、天气等所有内容。

3. 一切外业观测值和记录项目,应在现场直接记录,不得转抄、追记成果。观测数据必须复诵检核。

4. 观测记录的数字与文字力求清晰、整洁,用稍大于格高一半的斜体工程字填写。不得潦草,不得就字改字,不得连环涂改,不得用橡皮擦、刀片刮。

5. 观测者读数后,记录者应向观测者复诵一遍再记录,以免听错、记错。

6. 按测量顺序记录,不空栏、不空页、不撕页。

7. 观测记录的错误数字与文字应用单横线划去,在其上方写上正确的数字与文字,并在备注栏注明原因:"测错"或"记错",计算错误不必注明原因。

不同的测量项目,对数据的划改要求也不尽一致。

(1) 水准测量测高差:所有观测数据不能划改毫米位,同方向的基础读数和辅助读数不能同时划改。

(2) 角度测量:水平角观测角度记录手簿中秒值读记错误应重新观测,度、分读记错误可在现场更正,但同一方向盘左、盘右不得同时更改相关数字,即不得连环涂改;竖直角观测度、分的读数,在各测回中不应连环涂改。

(3) 距离测量:距离测量的厘米和毫米读记错误应重新观测,分米以上(含)数的读记错误可在现场更正。

8. 超限成果应当划去,超限的数据应在备注栏注明"超限",重测的数据应在备注栏注

明"重测"。

9. 每站观测结束后,必须在现场完成规定的计算和检核,确认无误后方可迁站。

10. 记录数字要全,不得省略 0 位。如水准尺读数为 1.380 m,度盘读数为 38°03′00″,数据中的 0 不能省略。

11. 数据计算应根据所取位数,按"4 舍 6 入 5 凑偶"的规则进行保留,如数字 1.2335 和 1.2345 均取值 1.234。

12. 应该保持测量记录的整洁,严禁在记录表上书写无关内容,不得丢失记录表。

第二部分

工程测量课内实训

# 实训任务 1
# 水准仪的认识与使用

## 【任务导航】

水准仪是水准测量的主要仪器,根据水准测量的原理,其主要功能是为水准测量提供一条水平的视线,并能照准水准尺进行读数,直接测定地面上两点间的高差,然后根据已知点和测得的高差,推算出未知点高程。常见的水准仪有微倾式水准仪、自动安平水准仪、精密水准仪与电子水准仪。本次实训主要学习 $DSZ_3$ 型自动安平水准仪的构造和操作方法。

## 【职业技能目标】

1. 能理解水准测量原理。
2. 能描述水准仪的各部件名称和基本功能。
3. 能够利用水准仪测定地面两点间的高差。

## 【思政教育与劳动教育目标】

1. 培养学生严谨科学态度,对待水准测量数据精准记录与分析,追求真理不懈怠。
2. 树立学生团队合作精神,在水准测量任务里相互协作,沟通顺畅,凝聚团队力量。
3. 让学生体会劳动价值,通过精确测量成果服务工程建设,感悟劳动创造社会财富。

技能报国
大有可为

## 【实训前工具书准备】

1.《工程测量标准》(GB 50026—2020)。
2.《城市测量规范》(CJJ/T 8—2011)。
3.《测绘成果质量检查与验收》(GB/T 24356—2023)。

工具书

## 【实训要求】

1. 学时要求:2～3学时。

2. 设备要求：借领自动安平水准仪 1 套，水准尺 1 对，记录板 1 个，自备铅笔 2 支。

3. 场地要求：通视良好的宽阔场地。

4. 成员要求：每组 4～5 人。

### 【实训内容与步骤】

微课

水准仪的
认识与使用

#### 1. 安置仪器

安置是将仪器安装在可以伸缩的三脚架上并置于两观测点之间。首先打开三脚架并使高度适中，用目估法使架头大致水平并检查脚架是否牢固，然后打开仪器箱，用连接螺旋将水准仪器连接在三脚架上。

#### 2. 粗略整平

同时向内或向外旋转两脚螺旋，使气泡位于两脚螺旋连线的中垂线上，再调整第三个脚螺旋，使气泡居中。原则：气泡移动方向与左手大拇指旋转方向一致。熟练后可自行根据气泡位置调整脚螺旋方向。

#### 3. 瞄准水准尺

瞄准是用望远镜准确地瞄准目标。首先是把望远镜对向远处明亮的背景，转动目镜调焦螺旋，使十字丝最清晰。再松开固定螺旋，旋转望远镜，使照门和准星的连接对准水准尺，拧紧固定螺旋。最后转动物镜对光螺旋，使水准尺的清晰地落在十字丝平面上，再转动微动螺旋，使水准尺的像靠于十字竖丝的一侧。

#### 4.（精平）读数

瞄准水准尺，消除视差，读出中丝读数。若使用微倾式水准仪，读数之前需调整微倾螺旋使水准管气泡居中再读数，记录员记录时要复诵读数。

读数方法：在水准尺上一共读取 4 位数，米、分米位看数字，厘米位数格子，毫米位估读。记录时以米或毫米为单位，如 1.386 m 或 1 386 mm。

在水准仪前后距离大致相等处各立一水准尺，分别命名为后视尺与前视尺，将后视尺与前视尺所读数据及时记录在"水准测量观测记录表"，并计算出高差。

### 【注意事项】

1. 水准尺必须扶直，不得左右、前后倾斜。立尺时注意检查水准尺是否零端向下。

2. 读数之前，应消除视差。

3. 读数记录格式要规范，以 m 或 mm 为单位，并且必须记录满 4 位数字，0 不能省略。高差以 m 为单位，必须注明正负号。

4. 数据记录要工整、清晰整洁，不得转抄与涂改数据。

5. 测量工作在野外进行，要不畏严寒酷暑。实训中要严格按照操作规程进行。

6. 仪器设备较为贵重，要注意设备使用安全，室外实训环境复杂，要注意人身安全。

7. 本实训任务需要小组合作完成，实训过程中要友爱互助，体现集体意识和团队精神。

**【思考与练习】**

1. 自动安平水准仪由哪几部分组成?
2. 水准仪粗略整平的步骤是什么?
3. 水准仪照准水准尺的步骤什么?
4. 视差产生原因及消除的方法是什么?
5. 水准尺读数步骤是什么?
6. 水准尺前倾或后仰对测量结果有怎样的影响?

**【知识拓展】**

### 国测一大队介绍

中华人民共和国成立伊始,百业待兴,为建设和维护国家测绘基准,更好地服务国家经济建设国防建设科学研究,1954 年自然资源部第一大地测量队(以下简称国测一大队)应运而生,建队 70 年来国测一大队的一批批有志青年以一往无前的进取精神气势磅礴的创新实践谱写出爱国报国勇攀高峰的奋斗篇章。

测绘是经济建设的开路先锋,在经济建设、社会发展中发挥着重要的基础服务保障作用。国测一大队从事的大地测量工作,主要就是在全国范围内布测大地控制点,组成高精度的控制网,用各种技术手段测定其精确的经纬度、海拔高度和重力加速度。

建队以来,国测一大队两下南极、七登珠峰、45 次进驻内蒙古荒原、56 次踏入高原无人区、55 次深入沙漠腹地,队员徒步行程超过 6 000 万公里,相当于绕地球 1 500 多圈,测出近半个新中国的大地测量控制成果。

建成新中国大地原点,标志我国首次建立了独立自主、统一的国家大地坐标系统;精确测定珠峰高程,为喜马拉雅板块地质构造研究提供重要的数据支撑;参加南极考察,测定了中国南极长城站地理坐标,并在南极地区实施相对重力和绝对重力测量,建立我国南极重力基准;承担我国公路网 GPS 测绘工程项目,为推动智能交通、位置导航等发展提供基础空间数据;参与实施地理国情普查、全国国土调查,为生态文明建设和经济社会发展提供重要的国情国力信息;高效完成杭州湾大桥、港珠澳大桥等工程测量任务,为重大工程建设保驾护航……多年来,国测一大队完成的一系列重大测绘保障项目,获取的大量精准翔实的基础地理信息数据,在经济、文化、环保、防灾减灾等领域得到广泛应用。

2015 年 7 月 1 日,习近平总书记给国测一大队 6 名老队员、老党员回信,充分肯定他们爱国报国、勇攀高峰的感人事迹和崇高精神,对全国测绘工作者和广大共产党员提出殷切希望。几十年来,国测一大队以及全国测绘战线一代代测绘队员不畏困苦、不怕牺牲,用汗水乃至生命默默丈量着祖国的壮美河山,为祖国发展、人民幸福作出了突出贡献,事迹感人至深。

(以上摘自"测绘之家"公众号,《他们,用脚步丈量祖国壮美山河》)

## 【实训报告】

### 水准测量观测记录表(变动仪高法)

日期：　　　　　　　　天气：　　　　　　　　仪器型号：
组别：　　　　　　　　姓名：　　　　　　　　学　　号：

| 测站 | 观测次数 | 观测点 | 后视读数/m | 前视读数/m | 两点间高差/m | 平均高差/m | 备注 |
|------|---------|--------|-----------|-----------|-------------|-----------|------|
|  |  |  |  |  |  |  |  |
|  |  |  |  |  |  |  |  |
|  |  |  |  |  |  |  |  |
|  |  |  |  |  |  |  |  |
|  |  |  |  |  |  |  |  |
|  |  |  |  |  |  |  |  |
|  |  |  |  |  |  |  |  |
|  |  |  |  |  |  |  |  |
|  |  |  |  |  |  |  |  |
|  |  |  |  |  |  |  |  |
|  |  |  |  |  |  |  |  |
|  |  |  |  |  |  |  |  |

## 【实训评价】

| 评价项目 | 评价标准 | 分值 | 评分 | |
|---|---|---|---|---|
| | | | 小组自评 | 教师评价 |
| 实训纪律 | 遵守纪律,按时出勤,不迟到,不早退 | 10 | | |
| 爱护仪器 | 爱护仪器工具,无仪器损坏现象,无违纪情况,文明作业 | 10 | | |
| 操作过程 | 操作熟练、规范,方法、步骤正确 | 30 | | |
| 记录计算 | 记录规范,计算正确,检核内容齐全 | 20 | | |
| 测量成果 | 精度符合要求 | 20 | | |
| 团队合作 | 服从组长安排,积极配合组员工作 | 10 | | |
| 总　分 | | 100 | | |

# 实训任务 2
# 普通水准测量

## 【任务导航】

当高程待定点与已知点相距较远或高差较大时，需要在两点间加设若干个临时立尺点，分段连续多次安置仪器来求得两点间的高差，这是水准测量的工作流程。按精度的高低水准测量分为国家一、二、三、四等水准测量和普通水准测量，普通水准测量常用于测定图根点的高程和普通工程建筑施工。通过本次实训模拟普通水准测量的实施流程，掌握普通水准测量外业观测过程注意事项和成果处理的方法。

## 【职业技能目标】

1. 能进行闭合水准路线的施测。
2. 能进行普通水准测量观测记录、计算和检核
3. 能使用变动仪高法或双面尺法进行测站检核。

## 【思政教育与劳动教育目标】

1. 培养学生严谨细致的科学精神，对待水准测量数据一丝一毫皆精准把控，领悟科学研究需锱铢必较。

2. 引导学生树立实事求是的诚信理念，记录数据如实准确，恪守诚信是立身之本与从业之基。

3. 培养学生劳动纪律观念，遵循测量任务安排与时间规划，做到有条不紊开展劳动。

勤于思考
精益求精

## 【实训前工具书准备】

1.《工程测量标准》(GB 50026—2020)。
2.《城市测量规范》(CJJ/T 8—2011)。
3.《测绘成果质量检查与验收》(GB/T 24356—2023)。

## 【实训要求】

1. 学时要求:2～3 学时。

2. 设备要求：借领自动安平水准仪 1 套，水准尺 1 对，记录板 1 个，自备铅笔 2 支。

3. 场地要求：通视良好的宽阔场地。

4. 成员要求：每组 4～5 人。

微课

高程的含义

### 【实训内容与步骤】

1. 有指导教师确定闭合水准路线，并提供起始点高程，如 $H_A = 5.000$ m，水准测量路线以 6～8 站为宜。全组共同施测，人员分工如下：一人观测，两人扶尺，一人记录。施测 1～2 站后轮换工作。

2. 在起始水准点 A 和第一个立尺点 TP1 大致中间位置安置水准仪，在后、前视点上面竖立水准尺，按一个测站的观测程序进行观测。在每一侧站上观测者首先应整平水准仪，然后照准水准尺，调焦、消除视差，读取中丝读数，记录员复诵读数经确认无误后将读数记录"普通水准测量观测记录表"中，读完后视读数，紧接着照准前视尺用同样的方法读取前视读数，记录员把前后视读数记好后，应立即计算本站高差。

3. 用步骤 2 所测的方法依次完成闭合水准路线各测站的测量工作。观测结束后立即算出高差闭合差 $f_h$，如果 $f_h$ 小于等于 $f_{h容}$，（普通水准测量，$f_{h容} = \pm 40\sqrt{l}$ 或 $f_{h容} = \pm 12\sqrt{n}$）则说明观测成果合格，即可根据起始点高程计算各个测点高程；否则应进行重测。

### 【注意事项】

1. 立尺者与观测者应配合好，选择好立尺点。前、后视距应大致相等。水准尺必须扶直，不得左右、前后倾斜。立尺时注意检查水准尺是否零端向下。

2. 已知水准点和待测点上均不得放尺垫，转点上需放置尺垫。置于软土上尺垫必须踩实。在观测过程中不得碰动仪器或尺垫，迁站时前视尺垫不得移动。

3. 读数之前，应消除视差。

4. 水准测量记录要特别细心，当记录者听到观测者所读报数后，应复诵数据经确认无误后方可记入记录表中。观测者应注意复核记录组的复诵数据。

5. 记录格式要规范。记录中严禁涂改、转抄数据，应将数据用铅笔直接记录在实训表格指定位置，不准用钢笔、圆珠笔记录，字迹要工整、清晰、整洁。

6. 实施过程要严格按照操作过程进行。对待测量数据要严肃认真，细心仔细，确保成果质量。

7. 要严格按照测量规范与技术要求进行检核，一旦超限应立即重测。

8. 本实训任务需要小组合作完成，实训过程要友爱互助，体现集体意识和团队精神。

### 【思考与练习】

1. 什么是转点？转点作用是什么？

2. 变动仪高法或双面尺法进行测站检核的步骤是什么？

## 【实训报告】

### 普通水准测量观测记录表

日期：　　　　　　　　　　天气：　　　　　　　　　　仪器型号：

组别：　　　　　　　　　　姓名：　　　　　　　　　　学　号：

| 测站 | 观测次数 | 观测点 | 后视读数/m | 前视读数/m | 两点间高差/m | 平均高差/m | 备注 |
|---|---|---|---|---|---|---|---|
|  |  |  |  |  |  |  |  |
|  |  |  |  |  |  |  |  |
|  |  |  |  |  |  |  |  |
|  |  |  |  |  |  |  |  |
|  |  |  |  |  |  |  |  |
|  |  |  |  |  |  |  |  |
|  |  |  |  |  |  |  |  |
|  |  |  |  |  |  |  |  |
|  |  |  |  |  |  |  |  |
|  |  |  |  |  |  |  |  |
|  |  |  |  |  |  |  |  |
|  |  |  |  |  |  |  |  |
|  |  |  |  |  |  |  |  |
|  |  |  |  |  |  |  |  |
|  |  |  |  |  |  |  |  |
|  |  |  |  |  |  |  |  |
|  |  |  |  |  |  |  |  |
| 计算校核 | $\sum$ |  | $\sum a =$ | $\sum b =$ |  |  |  |
|  |  |  | $\sum a - \sum b =$ |  | $\sum h =$ |  |  |

## 【实训评价】

| 评价项目 | 评价标准 | 分值 | 评分 | |
|---|---|---|---|---|
| | | | 小组自评 | 教师评价 |
| 实训纪律 | 遵守纪律,按时出勤,不迟到,不早退 | 10 | | |
| 爱护仪器 | 爱护仪器工具,无仪器损坏现象,无违纪情况,文明作业 | 10 | | |
| 操作过程 | 操作熟练、规范,方法、步骤正确 | 30 | | |
| 记录计算 | 记录规范,计算正确,检核内容齐全 | 20 | | |
| 测量成果 | 精度符合要求 | 20 | | |
| 团队合作 | 服从组长安排,积极配合组员工作 | 10 | | |
| 总　分 | | 100 | | |

# 实训任务 3
# 四等水准测量

## 【任务导航】

在土木工程中,通常采用水准测量来测定点位的高程。按精度的高低水准测量分为国家一、二、三、四等水准测量和普通水准测量,其中,三、四等水准测量主要用于各种工程建设和地形图测图的高程控制。三、四等水准测量应从附近的国家高一级水准点引测高程。通过本次实训掌握四等水准测量的观测过程与计算步骤。

## 【职业技能目标】

1. 能进行四等水准测量的观测。
2. 能进行四等水准测量一个测站的观测、记录、计算和检核。

## 【思政教育与劳动教育目标】

1. 培养学生规范有序、严守纪律的仪器操作标准习惯,四等水准测量有严格的操作规范和流程,学生必须严格遵循。

2. 培养学生诚实守信、实事求是的测量成果记录态度,教导学生如实记录每一个测量数据,不篡改、不虚报,深刻理解数据真实性是工程建设可靠性的基石,培养学生在学术和职业领域坚守诚信底线的道德品质。

3. 培养学生灵活应变、处变不惊的解决测量现场难题能力,在四等水准测量现场可能遇到地形复杂、视线受阻、仪器故障等突发情况,学生需冷静思考、迅速调整策略,提升应对复杂状况与解决实际问题的综合能力。

中国精神
劳动精神

## 【实训前工具书准备】

1.《工程测量标准》(GB 50026—2020)。
2.《城市测量规范》(CJJ/T 8—2011)。
3.《测绘成果质量检查与验收》(GB/T 24356—2023)。

## 【实训要求】

1. 学时要求:2～3 学时。

2. 设备要求:借领自动安平水准仪 1 套,水准尺 1 对,尺垫 2 个,记录板 1 个,自备铅笔 2 支。

3. 场地要求:通视良好的宽阔场地。

4. 成员要求:每组 4～5 人。

## 【实训内容与步骤】

1. 指导教师确定闭合水准路线,并提供起始点高程,如 $H_A = 5.000$ m,全组共同施测,人员分工如下:一人观测,两人扶尺,一人记录。施测 1～2 站后轮换工作。

2. 在起始水准点 A 和第一个立尺点 TP1 合适位置设站,安置水准仪,按以下顺序观测:

后视黑面尺,读取上、下、中丝读数,分别记录"四等水准测量记录表"中(1)、(2)、(3)顺序栏;

后视红面尺,读取中丝读数,记录表中(4)顺序栏;

前视黑面尺,读取上、下、中丝读数,分别记录"四等水准测量记录表"中(5)、(6)、(7)顺序栏;

前视红面尺,读取中丝读数,记录表中(8)顺序栏;

观测者读取数据后,记录者应复诵读数,经确认后将数据记入"四等水准测量记录表"。

3. 观测完毕后,记录员应在现场计算并检核数据,满足要求后方可迁站,否则应查明原因并重测。

表 2-1 水准仪观测的主要技术要求

| 等级 | 水准仪级别 | 视线长度/m | 前后视距差/m | 任一测站上前后视距差累计/mm | 视线离地面最低高度/m | 基、辅分划或黑、红面读数较差/mm | 基、辅分划或黑、红面读数高差较差/mm |
|------|-----------|-----------|-------------|----------------------------|---------------------|-------------------------------|-----------------------------------|
| 二等 | DS₁、DSZ₁ | 50 | 1.0 | 3.0 | 0.5 | 0.5 | 0.7 |
| 三等 | DS₁、DSZ₁ | 100 | 3.0 | 6.0 | 0.3 | 1.0 | 1.5 |
| 三等 | DS₃、DSZ₃ | 75 | | | | 2.0 | 3.0 |
| 四等 | DS₃、DSZ₃ | 100 | 5.0 | 10.0 | 0.2 | 3.0 | 5.0 |

4. 依次设站同法施测其他各站。

5. 全路线施测完毕后进行内业计算。若闭合差超限,应重测所有数据。

## 【注意事项】

1. 记录者要认真负责,当听到观测者所报读数后,要复诵给观测者,经确认后方可记

入记录表中。

2. 每测站观测结束后,应立即计算检核,若有超限的数据则重测该测站,合格后才能迁站。全路线测量完毕,各项限差和高差闭合差均在限差内,方可结束外业观测。

3. 双面水准尺每两根为一组,其中一根尺常数为 K=4.687 m,另一根尺常数为 K=4.787 m,在记录表中的方向及尺号栏里要写明尺号,在备注栏内写明相应尺号的 K 值。

4. 数据记录要工整、清晰、整洁,不得转抄与涂改数据。数据作废应注明原因。

5. 实训过程中要严格按照操作规程进行,四等水准测量记录计算比较复杂,应多练以达到熟能生巧。

6. 测量过程中注意转点位置的尺垫不要移动,而且待测水准点和已知水准点不能放置尺垫。

7. 仪器设备较为贵重,要注意设备使用安全,实训环境复杂要注意人身安全。

8. 实施过程要严格按照操作过程进行。对待测量数据要严肃认真,细心仔细,确保成果质量。

9. 本实训任务需要小组合作完成,实训过程要友爱互助,体现集体意识和团队精神。

**【思考与练习】**

1. 四等水准测量一个测站的观测步骤是什么?为什么要求后视、前视距相等?

2. 四等水准测量技术要求有哪些?

## 【实训报告】

### 四等水准测量观测记录表

日期： 天气： 仪器型号：
组别： 姓名： 学　号：

| 测站编号 | 点号 | 后尺 上丝/下丝 后视距/m 视距差/m | 前尺 上丝/下丝 前视距/m 累积差∑d/m | 方向及尺号 | 中丝读数/m 黑面 | 中丝读数/m 红面 | K+黑-红/mm | 平均高差/m | 备注 |
|---|---|---|---|---|---|---|---|---|---|
| | | (1) (2) (9) (11) | (5) (6) (10) (12) | 后 前 后-前 | (3) (7) (15) | (4) (8) (16) | (13) (14) (17) | (18) | |
| | | | | 后 前 后-前 | | | | | 记录者： 观测者： |
| | | | | 后 前 后-前 | | | | | 记录者： 观测者： |
| | | | | 后 前 后-前 | | | | | 记录者： 观测者： |
| | | | | 后 前 后-前 | | | | | 记录者： 观测者： |
| | | | | 后 前 后-前 | | | | | 记录者： 观测者： |

| 测站编号 | 点号 | 后尺 上丝／下丝 后视距/m 视距差/m | 前尺 上丝／下丝 前视距/m 累积差 $\sum d$/m | 方向及尺号 | 中丝读数/m 黑面 | 中丝读数/m 红面 | K＋黑-红/mm | 平均高差/m | 备注 |
|---|---|---|---|---|---|---|---|---|---|
| | | (1) (2) (9) (11) | (5) (6) (10) (12) | 后 前 后-前 | (3) (7) (15) | (4) (8) (16) | (13) (14) (17) | (18) | |
| | | | | 后 | | | | | 记录者： |
| | | | | 前 | | | | | |
| | | | | 后-前 | | | | | 观测者： |
| | | | | | | | | | |
| | | | | 后 | | | | | 记录者： |
| | | | | 前 | | | | | |
| | | | | 后-前 | | | | | 观测者： |
| | | | | | | | | | |
| | | | | 后 | | | | | 记录者： |
| | | | | 前 | | | | | |
| | | | | 后-前 | | | | | 观测者： |
| | | | | | | | | | |
| | | | | 后 | | | | | 记录者： |
| | | | | 前 | | | | | |
| | | | | 后-前 | | | | | 观测者： |
| | | | | | | | | | |
| 检核计算 | | | | | | | | | |

**【实训评价】**

| 评价项目 | 评价标准 | 分值 | 评分 | |
|---|---|---|---|---|
| | | | 小组自评 | 教师评价 |
| 实训纪律 | 遵守纪律,按时出勤,不迟到,不早退 | 10 | | |
| 爱护仪器 | 爱护仪器工具,无仪器损坏现象,无违纪情况,文明作业 | 10 | | |
| 操作过程 | 操作熟练、规范,方法、步骤正确 | 30 | | |
| 记录计算 | 记录规范,计算正确,检核内容齐全 | 20 | | |
| 测量成果 | 精度符合要求 | 20 | | |
| 团队合作 | 服从组长安排,积极配合组员工作 | 10 | | |
| 总　　分 | | 100 | | |

# 实训任务 4
# 水准仪的检验与校正

## 【任务导航】

测量工作中必须使用检验合格的仪器设备,所有计量仪器均应按规定进行检验,并保留检测报告。

通常以下情况必须进行常规校正:

(1)第一次使用仪器前;

(2)在每一次高精度测量前;

(3)在颠簸或长时间运输后;

(4)在长时间存放后;

(5)精密测量时,最后一次校正时的温度与当前温度变化超过10℃。

通过本次实训掌握水准仪的检验项目并了解其校正方法。水准仪检验项目主要有圆水准器轴平行于竖轴,即 $L'L'/\!/VV$;望远镜十字丝的横丝应垂直于仪器的竖轴;$i$ 角的检验,四等水准测量规范规定 $DSZ_3$ 水准仪 $i$ 角 $\leqslant 20''$。

## 【职业技能目标】

1. 能理解水准仪各轴线之间的关系。

2. 能描述圆水准器、十字丝和 $i$ 角的检验校正方法。

强国基石
大国工匠

## 【思政教育与劳动教育目标】

1. 培养学生责任担当、使命必达的精准校正使命感,让学生深知水准仪校正精准与否直接关系到后续测量工作的可靠性,从而以高度责任感完成每一项校正任务。

2. 培养学生遵规守纪、严守标准的操作规范意识,在水准仪检验与校正时,严格遵循相关技术规范与操作流程,杜绝随意性操作,养成良好的职业规范习惯。

3. 培养学生爱护仪器等测量人的优秀品质。

## 【实训前工具书准备】

1.《工程测量标准》(GB 50026—2020)。

2.《城市测量规范》(CJJ/T 8—2011)。

3.《测绘成果质量检查与验收》(GB/T 24356—2023)。

## 【实训要求】

1. 学时要求:2～3 学时。

2. 设备要求:借领自动安平水准仪 1 套,水准尺 1 对,记录板 1 个,自备铅笔 2 支。

3. 场地要求:60 m～80 m 通视良好的宽阔场地。

4. 成员要求:每组 4～5 人。

## 【实训内容与步骤】

### (一)圆水准器的检验与校正

#### 1. 检验

圆水准器气泡居中后,将望远镜旋转 180°后,如果气泡仍然居中,则圆水准器轴平行于仪器竖轴;否则,圆水准器轴不平行于仪器竖轴。

#### 2. 校正

(1) 先略松固定螺旋,然后转动校正螺旋,使气泡移动偏离值的一半;

(2) 重复上述检验和校正一两次,使误差尽可能小,最后拧紧固定螺旋。

### (二)十字丝的检验与校正

#### 1. 检验

严格整平水准仪,用十字丝横丝照准明显目标,转动微动螺旋,如果十字丝的横丝一直不离开目标,则横丝水平;否则需要校正。

#### 2. 校正

松开十字丝环的固定螺旋;转动十字丝环,使横丝水平;拧紧固定螺旋。

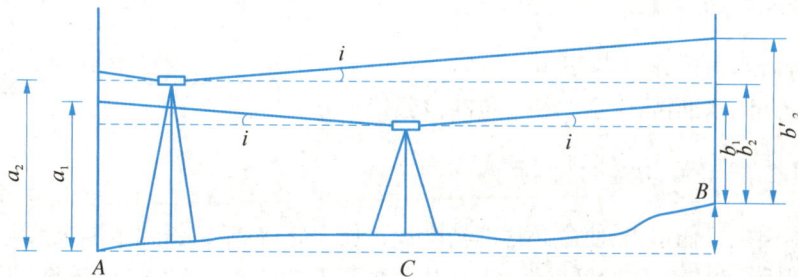

图 2-1 $i$ 角的检验

### (三)$i$ 角的检验

#### 1. 检验

在平坦的地面上选定相距为 80 m 左右的 $A$、$B$ 两点,各打一大木桩或放尺垫,并在上面立尺,然后按以下步骤进行检验(如图 2-1)。

微课

$i$ 角的检验

(1) 将水准仪置于 $A$、$B$ 等距离的 $C$ 点,用两次仪高法测定 $A$,$B$ 两点间的高差 $h_{AB}$,设其读数分别为 $a_1$ 和 $b_1$,则:$h_{AB} = a_1 - b_1$。前后两次高差之差如果不大于 5 mm,则取其平均值作为 $A$、$B$ 间的高差。此时测出的高差 $h_{AB}$ 值是正确的。

(2) 将仪器搬至距 $A$ 尺 3 m 左右,精平后,在 $A$ 尺上读数 $a_2$。因为仪器距离 $A$ 尺很近,忽略 $i$ 角的影响。根据近尺读数 $a_2$ 和高差 $h_{AB}$ 算出 $B$ 尺上水平视线时的应有读数为:

$$b_2 = a_2 - h_{AB} \qquad (2-1)$$

然后,调转望远镜照准 $B$ 点上水准尺,精平仪器读取读数。如果实际读出的数 $b'_2 = b_2$,说明水准管轴平行于视准轴。否则,存在 $i$ 角,其值为:

$$i = \frac{b'_2 - b_2}{D_{AB}} \times \rho \qquad (2-2)$$

式中:$D_{AB}$——$A$、$B$ 两点间的距离(m);

$\quad i$——视准轴与水准管轴的夹角;

$\quad \rho$——一弧度的秒值,$\rho = 206\ 265''$。

对于 DSZ$_3$ 水准仪,$i$ 角大于 $20''$ 时,要进行校正。

2. 校正

校正时水准仪仍在 $A$ 点附近,瞄准 $B$ 点水准尺通过调整十字丝校正螺丝可适当调整十字丝在 $B$ 点水准尺的读数,直到读数变为 $b'_2$ 为止。

【注意事项】

校正仪器需要使用专用工具,并且在老师指导下完成。

【思考与练习】

设地面 $A$、$B$ 两点相距 80 m,仪器在 $A$、$B$ 中间处测得高差 $h_{AB} = +0.468$ m,现将仪器搬到距点 $A$ 点 3 m 处,测得 $A$ 尺读数为 1.266 m,$B$ 尺读数为 1.694 m。$i$ 角误差为多少? 应如何校正?

【实训报告】

水准仪的检验

日期: 天气: 仪器型号:

组别: 姓名: 学  号:

1. 圆水准器的检验

圆水准器气泡居中后,将望远镜旋转 180° 后,气泡_____(填"居中"或"不居中")。

2. 十字丝横丝检验

在墙上找一点 A,使其恰好位于水准仪望远镜十字丝左端的横丝上,旋转水平微动螺旋,用望远镜右端对准该点,观察该点_____(填"是"或"否")仍位于十字丝右端的横丝上。

3. 水准管轴平行于视准轴($i$ 角)的检验

| 仪器位置 | 立尺点 | | 水准尺读数/m | 高差/m | 平均高差/m | 是否要校正 |
|---|---|---|---|---|---|---|
| 仪器在A、B点中间位置 | A | | | | | |
| | B | | | | | |
| | 变更仪器高后 | A | | | | |
| | | B | | | | |
| 仪器在离A点3m左右 | A | | | | | |
| | B | | | | | |
| | 变更仪器高后 | A | | | | |
| | | B | | | | |

## 【实训评价】

| 评价项目 | 评价标准 | 分值 | 评分 | |
|---|---|---|---|---|
| | | | 小组自评 | 教师评价 |
| 实训纪律 | 遵守纪律,按时出勤,不迟到,不早退 | 10 | | |
| 爱护仪器 | 爱护仪器工具,无仪器损坏现象,无违纪情况,文明作业 | 10 | | |
| 操作过程 | 操作熟练、规范,方法、步骤正确 | 30 | | |
| 记录计算 | 记录规范,计算正确,检核内容齐全 | 20 | | |
| 测量成果 | 精度符合要求 | 20 | | |
| 团队合作 | 服从组长安排,积极配合组员工作 | 10 | | |
| 总　分 | | 100 | | |

# 实训任务 5
# 光学经纬仪的认识与使用

## 【任务导航】

角度测量是测量工作的基本工作之一。常用的测角仪器有光学经纬仪和电子经纬仪。通过本次实训了解光学经纬仪的构造,掌握光学经纬仪的操作方法和读数方法。

## 【职业技能目标】

1. 能理解光学经纬仪的基本构造。
2. 能描述光学经纬仪各部件的名称及功能。
3. 能正确使用光学经纬仪并进行读数。
4. 能使用测回法进行水平角观测。

微课

水平角
测量原理

## 【思政教育与劳动教育目标】

1. 增强学生责任担当意识,从仪器操作到数据处理,对工作环节负责,保障测量准确性。
2. 激发学生创新思维,思考经纬仪使用场景拓展与技术革新,勇于突破传统局限。
3. 培养学生动手操作能力,熟练掌握经纬仪对中、整平等步骤,提升劳动技能。

中国高铁
领跑世界

## 【实训前工具书准备】

1.《工程测量标准》(GB 50026—2020)。
2.《城市测量规范》(CJJ/T 8—2011)。
3.《测绘成果质量检查与验收》(GB/T 24356—2023)。

## 【实训要求】

1. 学时要求:2~3 学时。
2. 设备要求:借领 $DJ_6$ 或 $DJ_2$ 光学经纬仪 1 套,记录板 1 个,自备铅笔 2 支。

3. 场地要求：通视良好的宽阔场地；有足够的测量标志点与供瞄准的观测目标。

4. 成员要求：每组4～5人。

### 【实训内容与步骤】

微课

光学经纬仪的
认识与使用

#### 1. 安置仪器

将三脚架架腿螺旋松开，拉伸脚架至合适高度（大致与观测者胸口齐平），拧紧架腿螺旋。然后打开三脚架使三脚架中心与测站点大致对中，架头大致水平，三脚架架腿牢固支撑在地面上，从仪器箱中双手取出仪器置于架头上，用连接螺旋将仪器固定到脚架上。

安置好仪器后，先了解经纬仪各部件的名称与功能。

#### 2. 对中

调节光学对中器目镜调焦螺旋，使对中器分划板清晰，再转动物镜调焦螺旋（有些仪器是拉伸对中器进行调焦），使地面测站点成像最清晰。双手紧握并微微抬起三脚架两个架腿，移动脚架使对中器中心与地面测量点重合，完成仪器对中工作。地面测站点中心与光学对中器中心相距不远时，也可通过调整脚螺旋使两者重合完成对中。

#### 3. 粗平

拧松需调整的脚架螺旋，通过缩短或伸长三脚架架腿使圆水准器气泡居中。调整时应注意仪器安全。

#### 4. 精平

使水准管平行于两个脚螺旋连线，同时向内或向外调整这两个脚螺旋，使管水准气泡居中，调整方法遵循"左手大拇指法则"。然后旋转照准部90°，调整第三个脚螺旋使管水准器气泡居中。照准部任意旋转一位置进行检查，若任意方向气泡都居中，则精平完成。

#### 5. 再对中

整平操作会略微破坏之前的对中，整平后需检查对中情况。若对中器偏离测站点中心的幅度很小，则稍许松开仪器中心螺旋，小心地将仪器在三脚架架头上平移（只能前后或左右转动，不能扭动），直到测量点精确对中后再旋紧中心螺旋。然后查看仪器精平状态，不满足要求时应再次精平。如果对中偏离较大，应重新进行对中操作及整平工作。

#### 6. 瞄准

照准明亮背景，调节目镜，使十字丝清晰；转动仪器，用粗瞄器粗略瞄准目标，旋转物镜调焦螺旋，使目标清晰；转动微动螺旋，精确瞄准目标。水平角测量，用竖向单丝平分或双丝夹目标；竖直角测量，用横向中丝平切目标。观测时注意消除视差。

#### 7. 读数

打开相应的反光镜，调整位置使读数窗内亮度合适，调整显微镜目镜调焦螺旋使读数窗内刻划清晰，然后按照 $DJ_6$ 或 $DJ_2$ 光学经纬仪读数方法进行读数。

### 【注意事项】

1. 经纬仪较为贵重，要注意设备使用安全。取放仪器时要双手进行，当仪器与脚架没有固定连接时，手不能松开仪器。

2. 严禁多人同时操作一台仪器,当一个人操作时,其他同学只能语言帮助,防止操作不当损坏仪器。

3. 在旋转仪器之前需先检查各制动螺旋是否处于松开状态,不得盲目旋转仪器。

4. 微动螺旋是在制动后才会起作用。

5. 数据记录要工整、清晰、整洁,不得转抄与涂改数据。

6. 经纬仪为精密仪器,使用时要小心谨慎,各个螺旋要缓慢转动,不能用力过大或过猛。

7. 本实训任务需要小组合作完成,实训过程中要友爱互助,体现集体意识和团队精神。

## 【思考与练习】

1. 在所使用的经纬仪上指认各部件名称,并简要描述它们的功能。

2. 在水平角观测和竖直角观测中分别怎样瞄准测量标志?

## 【实训报告】

### 测回法观测记录表

日期: 　　　　　　　天气: 　　　　　　　仪器型号:

组别: 　　　　　　　姓名: 　　　　　　　学　号:

| 测站 | 盘位 | 目标 | 水平度盘读数 /(° ′ ″) | 水平角 | |
|---|---|---|---|---|---|
| | | | | 半测回值 /(° ′ ″) | 一测回值 /(° ′ ″) |
| | | | | | |
| | | | | | |
| | | | | | |
| | | | | | |
| | | | | | |
| | | | | | |
| | | | | | |
| | | | | | |

## 【实训评价】

| 评价项目 | 评价标准 | 分值 | 评分 | |
|---|---|---|---|---|
| | | | 小组自评 | 教师评价 |
| 实训纪律 | 遵守纪律,按时出勤,不迟到,不早退 | 10 | | |
| 爱护仪器 | 爱护仪器工具,无仪器损坏现象,无违纪情况,文明作业 | 10 | | |
| 操作过程 | 操作熟练、规范,方法、步骤正确 | 30 | | |
| 记录计算 | 记录规范,计算正确,检核内容齐全 | 20 | | |
| 测量成果 | 精度符合要求 | 20 | | |
| 团队合作 | 服从组长安排,积极配合组员工作 | 10 | | |
| 总　分 | | 100 | | |

# 实训任务 6
# 电子经纬仪的认识与使用

## 【任务导航】

随着仪器的更新和技术的进步,越来越多的施工场地采用电子经纬仪。通过本次实训了解电子经纬仪的构造,掌握电子经纬仪的操作方法和读数方法。

## 【职业技能目标】

1. 能理解电子经纬仪的基本构造。
2. 能描述电子经纬仪各部件的名称及功能。
3. 能正确操作电子经纬仪并进行读数。
4. 能计算仪器 2C 值大小。

## 【思政教育与劳动教育目标】

1. 培养学生严谨科学态度,操作电子经纬仪时确保数据精准记录与分析,在追求真理的道路上持之以恒。

2. 培养学生团队合作精神,于电子经纬仪测量任务中相互协作、沟通良好,凝聚起强大的团队力量。

3. 培养学生体会劳动价值,通过电子经纬仪的精确测量成果服务工程建设,感悟劳动创造社会财富的深刻内涵。

**大国重器**
**国之重基**

## 【实训前工具书准备】

1.《工程测量标准》(GB 50026—2020)。
2.《城市测量规范》(CJJ/T 8—2011)。
3.《测绘成果质量检查与验收》(GB/T 24356—2023)。

## 【实训要求】

1. 学时要求:2～3 学时。
2. 设备要求:借领电子经纬仪 1 套,记录板 1 个,自备铅笔 2 支。

3. 场地要求：通视良好的宽阔场地；有足够的测量标志点与供瞄准的观测目标。

4. 成员要求：每组 4～5 人。

微课

电子经纬仪的
认识与使用

【实训内容与步骤】

### 1. 安置仪器

将三脚架架腿螺旋松开，拉伸脚架至合适高度（大致与观测者胸口齐平），拧紧架腿螺旋。然后打开三脚架使三脚架中心与测站点大致对中，架头大致水平，三脚架架腿牢固支撑在地面上，从仪器箱中双手取出仪器置于架头上，用连接螺旋将仪器固定到脚架上。

安置好仪器后，先了解电子经纬仪各部件的名称与功能。

### 2. 对中

（1）使用光学对中器对中：

调节光学对中器目镜调焦螺旋，使对中器分划板清晰，再转动物镜调焦螺旋（有些仪器是拉伸对中器进行调焦），使地面测站点成像最清晰。双手紧握并微微抬起三脚架两个架腿，移动脚架使对中器中心与地面测站点重合，完成仪器对中工作。地面测站点中心与光学对中器中心相距不远时，也可通过调整脚螺旋使两者重合完成对中。

（2）使用激光对中器对中（使用激光对中器对中的方法，仅针对有激光对中功能的经纬仪）：

按住左/右键 3 秒钟以上，激光对中器点亮。双手紧握并微微抬起三脚架两个架腿，移动脚架使对激光光斑点与地面测站点重合，完成仪器对中工作。地面测站点中心与激光光斑点相距不远时，也可通过调整脚螺旋使两者重合完成对中。按住左/右键 3 秒钟以上，激光对中器熄灭。

注：仪器对中后不要再碰三脚架的三个脚，以免破坏其位置。

### 3. 粗平

拧松需调整的脚架螺旋，通过缩短或伸长三脚架架腿使圆水准器气泡居中。调整时应注意仪器安全。

### 4. 精平

使水准管平行于两个脚螺旋连线，同时向内或向外调整这两个脚螺旋，使水准管气泡居中，调整方法遵循"左手大拇指法则"。然后旋转照准部 90°，调整第三个脚螺旋使水准管器气泡居中。照准部任意旋转一位置进行检查，若任意方向气泡都居中，则精平完成。

### 5. 再对中

整平操作会略微破坏之前的对中，整平后需检查对中情况。若对中器偏离测站点中心的幅度很小，则稍许松开仪器中心螺旋，小心地将仪器在三脚架架头上平移（只能前后或左右转动），直到测量点精确对中后再旋紧中心螺旋。然后查看仪器精平状态，不满足要求时应再次精平。如果对中偏离较大，应重新进行对中及整平工作。

### 6. 瞄准

照准明亮背景，调节目镜，使十字丝清晰；转动仪器，用粗瞄器粗略瞄准目标，旋转物镜调焦螺旋，使目标清晰；转动微动螺旋，精确瞄准目标。水平角测量，用竖向单丝平分或

双丝夹目标;竖直角测量,用横向中丝平切目标。观测时注意消除视差。

7. 读数

电子经纬仪可直接从显示屏上读取水平读数(H)或竖直读数(V)

计算仪器 2C 值,2C＝盘左读数－(盘右读数±180°),2C 值的大小反映仪器视准轴误差的大小,通常也可根据各目标 2C 值互差大小检核瞄准和读数是否准确。

## 【注意事项】

1. 电子经纬仪较为贵重,要注意设备使用安全。取放仪器时要双手进行,当仪器与脚架没有固定连接时,手不能松开仪器。

2. 严禁多人同时操作一台仪器,当一个人操作时,其他同学只能语言帮助,防止操作不当损坏仪器。

3. 在旋转仪器之前需先检查各制动螺旋是否处于松开状态,不得盲目旋转仪器。

4. 微动螺旋是在制动后才会起作用。

5. 数据记录要工整、清晰、整洁,不得转抄与涂改数据。

6. 经纬仪为精密仪器,使用时要小心谨慎,各个螺旋要缓慢转动,不能用力过大或过猛。

7. 本实训任务需要小组合作完成,实训过程中要友爱互助,体现集体意识和团队精神。

## 【思考与练习】

1. 简要描述电子经纬仪每个按键的功能。

2. 电子经纬仪和光学经纬仪有哪些异同点?

## 【实训报告】

### 电子经纬仪读数观测记录表

日期:　　　　　　　　天气:　　　　　　　　仪器型号:

组别:　　　　　　　　姓名:　　　　　　　　学　　号:

| 测站 | 目标 | 盘左读数/(°′″) | 盘右读数/(°′″) | 2C 值/(″) | 备注 |
|------|------|------|------|------|------|
| | | | | | |
| | | | | | |
| | | | | | |
| | | | | | |
| | | | | | |
| | | | | | |
| | | | | | |
| | | | | | |
| | | | | | |
| | | | | | |

**【实训评价】**

| 评价项目 | 评价标准 | 分值 | 评分 | |
|---|---|---|---|---|
| | | | 小组自评 | 教师评价 |
| 实训纪律 | 遵守纪律,按时出勤,不迟到,不早退 | 10 | | |
| 爱护仪器 | 爱护仪器工具,无仪器损坏现象,无违纪情况,文明作业 | 10 | | |
| 操作过程 | 操作熟练、规范,方法、步骤正确 | 30 | | |
| 记录计算 | 记录规范,计算正确,检核内容齐全 | 20 | | |
| 测量成果 | 精度符合要求 | 20 | | |
| 团队合作 | 服从组长安排,积极配合组员工作 | 10 | | |
| 总　　分 | | 100 | | |

# 实训任务 7
# 竖直角观测

## 【任务导航】

在测量工作中,如果需要将倾斜距离改正为水平距离,或者在视距测量、三角高程测量中利用距离计算两点间高差,均需要观测竖直角。光学经纬仪进行竖直角观测需要事先判断竖直角的计算公式,然后利用竖盘读数计算竖直角;全站仪的竖直角是直接显示在电子显示屏上的。本次实训内容是利用光学经纬仪进行竖直角观测。

## 【职业技能目标】

1. 能理解竖盘的构造,竖直角的测量原理,判断竖直角计算公式的方法。
2. 能进行竖直角的观测并计算,能进行竖盘指标差的计算。

## 【思政教育与劳动教育目标】

1. 培养学生精益求精的科学态度,对待竖直角观测数据反复核验确保精确,深知科学探索应追求极致。
2. 引导学生诚实守信的道德准则,记录竖直角观测结果客观真实,坚守诚信乃为人之道与职业操守。
3. 培养学生严守劳动纪律,按照竖直角观测任务要求与时间进度,做到井然有序进行劳动实践。

中国精神
劳模精神

## 【实训前工具书准备】

1.《工程测量标准》(GB 50026—2020)。
2.《城市测量规范》(CJJ/T 8—2011)。
3.《测绘成果质量检查与验收》(GB/T 24356—2023)。

## 【实训要求】

1. 学时要求:2~3学时。
2. 设备要求:借领 $DJ_2$ 光学经纬仪 1 套,记录板 1 个,自备铅笔 2 支。

3. 场地要求:通视良好的宽阔场地;有足够的地面测量标志点和观测目标。

4. 成员要求:4 人一个小组。每人观测一个测回。

### 【实训内容与步骤】

1. 在指定测量标志点上安置经纬仪,对中、整平。将竖盘指标自动补偿器打开(或调节竖盘指标水准管气泡居中)。

2. 判断竖直角计算公式。盘左位置使望远镜大致水平。观测竖盘读数假设大约为 90°,将望远镜上扬,观察竖盘读数 $L$ 是增大还是减小,以此判断竖直角的计算公式。

抬高望远镜,竖盘读数 $L$ 减小,竖盘为顺时针注记,竖直角计算公式为:

$$\alpha_L = 90° - L, \alpha_R = R - 270° \tag{2-3}$$

抬高望远镜,竖盘读数 $L$ 增大,竖盘为逆时针注记,竖直角计算公式为:

$$\alpha_L = L - 90°, \alpha_R = 270° - R \tag{2-4}$$

3. 一测回竖直角观测

(1) 盘左用十字丝横丝照准目标,读取盘左读数 L,记入"竖直的观测记录表",按竖直角计算公式计算出上半测回竖直角 $\alpha_L$。

(2) 盘右用十字丝横丝照准目标,读取盘左读数 R,记入"竖直角观测记录表",按竖直角计算公式计算出下半测回竖直角 $\alpha_R$。

(3) 竖直角一测回角值为:

$$\alpha = \frac{1}{2}(\alpha_L + \alpha_R) \tag{2-5}$$

4. 竖盘指标差。当望远镜视线水平时,竖盘理论读数应为 90° 或 270°,若水平视线实际读数不等于理论读数,两数据差值称为竖盘指标差,用 $x$ 表示:

$$x = \frac{1}{2}(\alpha_R - \alpha_L) \tag{2-6}$$

指标差属于仪器本身误差,$x \leqslant 60''$ 时不必校正;否则,需要校正。指标差互差可以反映观测质量。为了保证观测质量,规范规定经纬仪指标差误差 $DJ_2$ 型不超过 $\pm 15''$,$DJ_6$ 型不超过 $\pm 25''$。

若采用全站仪进行竖直角测量,在角度测量模式下竖直角的显示方式一般有竖直角(水平方向 0°,直接显示竖直角)、竖直度盘读数(水平方向 $\pm 90°$,通过计算求得竖直角)、天顶距(天顶方向 0°),且它们之间的显示方式可以通过按键相互切换。

### 【注意事项】

1. 竖直角观测时,用十字丝横丝照准目标。盘左盘右应照准目标同一位置。

2. 竖直角观测时,应将竖盘指标自动补偿器打开(或调节竖盘指标水准管气泡居中)。

3. 经纬仪观测竖直角,直接读取的竖盘读数不是竖直角,竖直角应通过计算获得。

4. 竖直角必须具有"+""−"号,仰角为"+",俯角为"−"。

5. 竖盘指标差属于仪器本身误差,指标差互差可以反映观测质量。

6. 数据记录要工整、清晰、整洁,不得转抄与涂改数据。

## 【思考与练习】

1. 怎样判断竖直角计算公式?

2. 什么是指标差? 怎样处理指标差对竖直角的影响?

## 【实训报告】

### 竖直角观测记录表

日期:　　　　　　　　　　　　天气:　　　　　　　　　　　　仪器型号:

组别:　　　　　　　　　　　　姓名:　　　　　　　　　　　　学　号:

| 测点 | 目标 | 竖盘位置 | 竖盘读数/(° ′ ″) | 半测回竖直角/(° ′ ″) | 指标差/(″) | 一测回竖直角(° ′ ″) |
|------|------|------|------|------|------|------|
| | | 左 | | | | |
| | | 右 | | | | |
| | | 左 | | | | |
| | | 右 | | | | |
| | | 左 | | | | |
| | | 右 | | | | |
| | | 左 | | | | |
| | | 右 | | | | |
| | | 左 | | | | |
| | | 右 | | | | |

## 【实训评价】

| 评价项目 | 评价标准 | 分值 | 评分 | |
|------|------|------|------|------|
| | | | 小组自评 | 教师评价 |
| 实训纪律 | 遵守纪律,按时出勤,不迟到,不早退 | 10 | | |
| 爱护仪器 | 爱护仪器工具,无仪器损坏现象,无违纪情况,文明作业 | 10 | | |
| 操作过程 | 操作熟练、规范,方法、步骤正确 | 30 | | |
| 记录计算 | 记录规范,计算正确,检核内容齐全 | 20 | | |
| 测量成果 | 精度符合要求 | 20 | | |
| 团队合作 | 服从组长安排,积极配合组员工作 | 10 | | |
| 总　分 | | 100 | | |

# 实训任务 8
# 全站仪的认识与使用

## 【任务导航】

全站仪是一种集光、机、电为一体的高技术测量仪器,具备电子测角、电磁波测距、高差测量、坐标放样等功能。全站仪广泛应用于地上大型建筑和地下隧道施工等精密工程测量或变形监测领域。本次实训主要认识全站仪的构造;熟悉各部件名称与功能;掌握全站仪的安置方法;掌握全站仪电子测角、电磁波测距的功能。

## 【职业技能目标】

1. 能理解全站仪的基本构造。
2. 能描述全站仪各部件的名称及功能。
3. 能对全站仪进行对中整平,并进行测角、测距。

匠心筑业
十载跨越

## 【思政教育与劳动教育目标】

1. 培养学生严谨负责的科学精神,对待全站仪测量数据审慎处理、反复核对,明白科学工作需高度专注。
2. 强化学生的创新意识,鼓励在全站仪使用过程中探索新方法、新思路,激发创新活力推动行业进步。
3. 培养学生吃苦耐劳的劳动品质,在全站仪外业测量中不畏艰苦环境,体会劳动需付出努力。

## 【实训前工具书准备】

1.《工程测量标准》(GB 50026—2020)。
2.《城市测量规范》(CJJ/T 8—2011)。
3.《测绘成果质量检查与验收》(GB/T 24356—2023)。

## 【实训要求】

1. 学时要求:2~3学时。

2. 设备要求:借领全站仪1套,棱镜2套(带脚架),记录板1个,自备铅笔2支。

3. 场地要求:通视良好的宽阔场地,有足够的测量标志。

4. 成员要求:每组4～5人。每位同学依次独立完成全站仪的安置、测角以及测距。

## 【实训内容与步骤】

### 1. 安置仪器

将三脚架架腿螺旋松开,拉伸脚架至合适高度(大致与观测者胸口齐平),拧紧架腿螺旋。然后打开三脚架使三脚架中心与测站点大致对中,架头大致水平;从仪器箱双手取出仪器置于架头上,用连接螺旋将仪器固定到脚架上。再从仪器箱取出电池安装于正确位置并开机。安置好仪器后,先了解全站仪各部件名称与功能。

微课
全站仪常用设置

### 2. 对中

打开激光对中器,固定一支架腿,抬起另外两支架腿,前后或左右移动使激光对中器光斑与地面测站标志中心重合即完成对中。

### 3. 粗平

通过伸缩三脚架架腿使圆水准器气泡居中。

微课
全站仪键
功能设置

### 4. 精平

将水准管平行于两个脚螺旋连线,按照"左手大拇指法则",同时向内或向外调整这两个脚螺旋,使水准管气泡居中,然后旋转照准部90°,调整第三个脚螺旋使管水准器气泡居中。照准部旋转至其他位置,若任意方向气泡都居中,则精平完成。

微课
全站仪精平

### 5. 再对中

整平后需检查对中情况,若激光对中器光斑偏离测站中心的幅度很小,则稍许松开仪器中心螺旋,小心地将仪器在三脚架架头上平移,直到测量点精确对中后再旋紧中心螺旋。然后查看仪器精平状态,不满足时应再次精平。如果对中偏离较大,应重新进行对中操作及整平工作。

### 6. 调焦与照准

照准明亮背景,调节目镜,使十字丝清晰;转动仪器,用粗瞄器粗略瞄准目标,旋转物镜调焦螺旋,使目标清晰;转动微动螺旋,精确瞄准目标。水平角测量,用竖向单丝平分或双丝夹目标;竖直角测量,用横向中丝平切目标。观测时注意消除视差。

### 7. 读数

选择测角模式,直接以显示屏上读取水平度盘读数(H)或竖直度盘该数(V)。

## 【注意事项】

微课
全站仪角度测量

1. 全站仪较为贵重,使用时要注意安全。取放仪器时要双手进行,当仪器与脚架没有固定连接时,手不能松开仪器。

2. 严禁多人同时操作一台仪器,当一个人操作时,其他同学只能语言帮助,防止操作不当损坏仪器。

3. 在旋转仪器之前需先检查各制动螺旋是否处于松开状态,不得盲目旋转仪器。

4. 严禁直接用望远镜观察太阳,以免造成视力损伤或仪器损坏。

5. 把仪器放入仪器箱之前应先取下电池,松开制动螺旋,并将仪器正确放置到仪器箱。取出电池前务必先关闭电源。

6. 测量工作在野外进行,要不畏严寒酷暑。实训过程中要严格按照操作规程进行。

7. 全站仪为精密仪器,使用时要小心谨慎,各个螺旋要缓慢转动,不能用力过大。

8. 本实训任务需要小组合作完成,实训过程中要友爱互助,体现集体意识和团队精神。

**【思考与练习】**

1. 水平度盘显示的 HR 或 HL 是什么意思?

2. 测距时显示屏显示 HD、SD 或 VD 是什么意思?

微课

全站仪距离测量

**【知识拓展】**

## 国产仪器当自强

测绘仪器(survey instrument):为了测绘工作而设计制造的数据采集、处理、输出等仪器和装置。在工程建设中规划设计、施工及经营管理阶段进行测量工作所需用的各种定向、测距、测角、测高、测图以及摄影测量等方面的仪器。常用测绘仪器:GPS、全站仪、水准仪、经纬仪、激光测量仪器、静力水准仪等。

南方测绘(SOUTH),1989 年成立于广州,以振兴民族测绘产业为己任,1995 年,率先研制出中国第一台全站仪,打破了国内测绘仪器市场被进口垄断的格局,并陆续实现棱镜、脚架、测距仪、电子经纬仪、全站仪、GPS 等系列测绘仪器的国产化。旗下南方数码处于国内地理信息产业的领先位置。作为代表的南方 CASS(地形地籍成图与建库软件)拥有全国 90% 的市场份额,位居国内同类软件之首。历经发展,南方测绘已经成为一家集研发、制造、销售和技术服务为一体的专业测绘仪器、地理信息产业集团。

(以上摘自"测绘之家"公众号,《国产仪器当自强》)

## 【实训报告】

### 全站仪角度观测记录表

日期：　　　　　　　　　天气：　　　　　　　　　仪器型号：

组别：　　　　　　　　　姓名：　　　　　　　　　学　号：

| 测站 | 竖盘位置 | 目标 | 水平度盘读数/(° ′ ″) | 半测回角值/(° ′ ″) | 一测回平均角值/(° ′ ″) | 备注 |
|------|------|------|------|------|------|------|
| | 左 | | | | | |
| | 右 | | | | | |
| | 左 | | | | | |
| | 右 | | | | | |
| | 左 | | | | | |
| | 右 | | | | | |
| | 左 | | | | | |
| | 右 | | | | | |

### 距离测量记录表

| 边 名 | 往测/m | 返测/m | 精度 | 平均值/m | 备注 |
|------|------|------|------|------|------|
| | | | | | |
| | | | | | |
| | | | | | |
| | | | | | |
| | | | | | |

## 【实训评价】

| 评价项目 | 评价标准 | 分值 | 评分 | |
|---|---|---|---|---|
| | | | 小组自评 | 教师评价 |
| 实训纪律 | 遵守纪律,按时出勤,不迟到,不早退 | 10 | | |
| 爱护仪器 | 爱护仪器工具,无仪器损坏现象,无违纪情况,文明作业 | 10 | | |
| 操作过程 | 操作熟练、规范,方法、步骤正确 | 30 | | |
| 记录计算 | 记录规范,计算正确,检核内容齐全 | 20 | | |
| 测量成果 | 精度符合要求 | 20 | | |
| 团队合作 | 服从组长安排,积极配合组员工作 | 10 | | |
| 总　分 | | 100 | | |

# 实训任务 9
# 全站仪导线测量

【任务导航】

导线测量是通过测定导线的边长和各转折角,根据已知数据,推算出各导线边的坐标方位角,并求出各导线点的坐标的测量过程。导线测量是进行平面控制测量的方法之一,其主要目的是确定一系列点的平面位置。它适用于平坦地区、城镇建筑密集区及隐蔽地区。随着光电测距仪及全站仪的普及,全站仪导线测量的应用较为广泛。本次实训要求练习选择导线点、观测导线的边长和转折角,熟悉导线测量的外业工作程序。

【职业技能目标】

1. 能描述导线测量的选点要求和外业观测内容。
2. 能够运用全站仪进行导线转折角以及导线边长的测量。

超级工程
超级智慧

【思政教育与劳动教育目标】

1. 国产仪器科力达,以振兴民族测绘产业为己任,潜心中国智造,领引技术发展前沿,自主研发无人机航测软硬件产品、移动测量、三维激光扫描等新科技产品的核心技术,持续创新惯导技术、多层屏蔽技术、倾斜测量、绝对编码、双轴补偿、免棱镜测距、Windows全站仪、数字水准测量等国际主流测绘仪器生产高精技术。不断实现技术创新,中国技术走向世界。

2. 让学生体会劳动创造价值的成就感,通过全站仪导线测量的成果为工程建设提供准确的数据支持,感受劳动对社会发展的重要意义。

【实训前工具书准备】

1.《工程测量标准》(GB 50026—2020)。
2.《城市测量规范》(CJJ/T 8—2011)。
3.《测绘成果质量检查与验收》(GB/T 24356—2023)。

## 【实训要求】

1. 学时要求:2～3 学时。
2. 设备要求:每组借领全站仪 1 套,棱镜 2 套(带脚架),记录板 1 个,自备铅笔 2 支。
3. 场地要求:通视良好的宽阔场地。
4. 成员要求:每组 4～5 人。

## 【实训内容与步骤】

由实训指导教师现场为各小组指定一条闭合导线(待定点以 4～5 个为宜),各小组按要求完成导线测量工作。采用测回法测量水平角,用全站仪测量各导线边长。

小组成员轮流操作,每位成员观测 1～2 个测站。已知数据由指导老师提供。

外业观测步骤:

1. 选点。根据测区的实际情况选择导线点,导线点选择应满足选点相关要求。导线点选定后,应在点位上做(临时)标志,按顺序进行编号并绘制控制点草图。

2. 角度测量。按照导线的前进方向观测各点处转折角,采用测回法测量转折角,观测结果果经确认后填入"水平角观测记录表"中。附合导线观测导线的左角(或右角),闭合导线观测闭合多边形的内角。测回法观测水平角上、下半测回较差不大于 24″,否则应重测。

3. 导线的边长测量。测量各导线边长时,一级以下采用全站仪一测回读数(照准目标一次,读数 2～4 次),一测回距离值互差不超过 10 mm。为了减少对中误差对导线边长测量的影响,各边可往返测量,若精度超限应重测,数据记入"距离测量记录手簿"中。

各级导线测量应满足表 2-2 的技术要求[摘自《工程测量标准》(GB50026—2020)]。

表 2-2　导线测量的技术要求

| 等级 | 导线长度/km | 平均边长/km | 测角中误差/(″) | 测回数 | | 方位角闭合差/(″) | 相对闭合差 |
|---|---|---|---|---|---|---|---|
| | | | | DJ₂ | DJ₆ | | |
| 一级 | 4 | 0.5 | 5 | 2 | 4 | $\pm 10\sqrt{n}$ | ≤1/15 000 |
| 二级 | 2.4 | 0.25 | 8 | 1 | 3 | $\pm 16\sqrt{n}$ | ≤1/10 000 |
| 三级 | 1.2 | 0.1 | 12 | 1 | 2 | $\pm 24\sqrt{n}$ | ≤1/5 000 |
| 图根 | $\leq 0.001aM$ | ≤1.5 测图最大视距 | 30(加密控制)20(首级控制) | 1 | 1 | $\pm 60\sqrt{n}$(加密控制)$\pm 40\sqrt{n}$(首级控制) | ≤1/(2 000×a) |

注:M 为测图比例尺的分母;n 为测站数;a 比例系数。

## 【注意事项】

1. 导线点位应选在稳固可靠、视野开阔的地方;相邻点间应通视良好;导线边长应大致相等,导线点的分布应均匀,以便控制整个测区。

2. 记录者在听到观测者的读数后,应复诵,经观测者确认后,才能将数据记录到表中。

3. 每个测站观测完毕后,立即计算检核,如不符合要求应立即重测,合格后才能迁站。

4. 导线外业观测完毕后,应立即进行内业计算,当外业数据超限时应查找原因,并重测。

5. 数据记录要工整、清晰、整洁,不得转抄与涂改数据。数据作废应注明原因。

6. 测量工作在野外进行,要不畏严寒酷暑。实验过程中要严格按照操作规程进行。

7. 仪器设备较为贵重,要注意设备使用安全,室外实训环境复杂,要注意人身安全。

8. 本实训任务需要小组合作完成,实训过程中要友爱互助,体现团队精神。

【思考与练习】

1. 导线点选择时主要有哪些要求?

2. 闭合导线与附合导线的角度闭合差分别怎样计算?

【知识拓展】

### 党的十九大代表白芝勇:用点线绘就"测量人生"

18年间,他只干了一件事——工程精密测量。大江南北的高铁、地铁、桥梁、公路、隧道都有他的身影。18年间,他最骄傲的是,中国高铁2.2万公里运营里程中,他和他的团队精测的线路占到了十分之一。因为专业本领过硬,这些年他殊荣加身:"全国青年岗位能手标兵"、全国"最美青工"、国务院政府特殊津贴、全国劳模、首届央企楷模……

精密测量有多重要? 形象地说,它就是工程施工者的眼睛,是工程建设的"方向盘"。江苏省南京市纬三路过江隧道全长3.6公里,但断面达到180平方米,再加上需要U形下穿,施工难度非常大。2012年,白芝勇和他的团队接到了测量任务:在隧道出口,接收钢环以及外体已经建设好,测量必须保证长达80米的盾构机能顺利钻出接收钢环这个"火圈",误差不能超过五厘米! 这绝对是挑战! 盾构施工有一定弧度和曲线,盾构运行过程中到达的每个点的坐标都有变化。不仅如此,受温度、湿度、周边震动等因素影响,很多基准点也经常有变化。为了让盾构准确运行,白芝勇拿出"组合拳"精益求精。除了借助GPS定位,他还在国内首次采用了"洞内交叉导线网法",在原来一个测量环的基础上,增加了至少六个测量环,使得盾构机前行中的每一个控制点都得到反复的运算和印证。就这样,白芝勇还是不放心。如何做到更精确? 白芝勇又加了一把"保险锁"——陀螺定向。利用陀螺定位仪所确定的方位和地磁保持一致的特性,从根本上有效地降低了叠加误差的发生。最终,2015年7月,盾构机以误差仅仅12毫米的贯通精度缓缓驶出长江南岸接收井,完成过江隧道贯通。

把重复的工作做精,把新出现的任务做好,不断创新提高水平,这是白芝勇经常教导徒弟们的一句话。

(以上摘自"建筑时报"公众号,《党的十九大代表白芝勇:用点线绘就"测量人生"》)

## 【实训报告】

### 全站仪角度观测记录表

日期：　　　　　　　　天气：　　　　　　　　仪器型号：

组别：　　　　　　　　姓名：　　　　　　　　学　号：

| 测站 | 竖盘位置 | 目标 | 水平度盘读数 /(°′″) | 半测回角值 /(°′″) | 一测回平均角值 /(°′″) | 备注 |
|---|---|---|---|---|---|---|
|  | 左 |  |  |  |  |  |
|  | 右 |  |  |  |  |  |
|  | 左 |  |  |  |  |  |
|  | 右 |  |  |  |  |  |
|  | 左 |  |  |  |  |  |
|  | 右 |  |  |  |  |  |
|  | 左 |  |  |  |  |  |
|  | 右 |  |  |  |  |  |

### 距离测量记录表

| 边 名 | 往测/m | 返测/m | 精度 | 平均值/m | 备注 |
|---|---|---|---|---|---|
|  |  |  |  |  |  |
|  |  |  |  |  |  |
|  |  |  |  |  |  |
|  |  |  |  |  |  |
|  |  |  |  |  |  |

## 【实训评价】

| 评价项目 | 评价标准 | 分值 | 评分 | |
|---|---|---|---|---|
| | | | 小组自评 | 教师评价 |
| 实训纪律 | 遵守纪律,按时出勤,不迟到,不早退 | 10 | | |
| 爱护仪器 | 爱护仪器工具,无仪器损坏现象,无违纪情况,文明作业 | 10 | | |
| 操作过程 | 操作熟练、规范,方法、步骤正确 | 30 | | |
| 记录计算 | 记录规范,计算正确,检核内容齐全 | 20 | | |
| 测量成果 | 精度符合要求 | 20 | | |
| 团队合作 | 服从组长安排,积极配合组员工作 | 10 | | |
| 总　　分 | | 100 | | |

## 实训任务 10
# 三角高程测量

### 【任务导航】

三角高程测量是高程测量的一种方式,常用于水准测量实施比较困难的地区,如地面起伏较大的山区或丘陵地区。三角高程测量是利用全站仪测出两点间的水平距离和竖直角,然后利用公式计算出两点间的高差,推算观测点的高程。全站仪进行三角高程测量可达到三等及以下水准测量精度要求。当两点间的距离大于 300 m 时需要考虑地球曲率与大气折光的影响。观测时采用直、反觇的观测方法,可消除地球曲率与大气折光对高差的影响。通过本次实训理解三角高程测量的原理,掌握其外业观测步骤和计算方法。

### 【职业技能目标】

1. 能理解三角高程测量的原理和技术要求。
2. 能运用全站仪进行三角高程测量外业观测以及进行相关计算。

### 【思政教育与劳动教育目标】

1. 培养学生精益求精的科学态度,对待三角高程测量数据反复核验力求精确,深知科学测量需一丝不苟。

2. 引导学生秉持诚实守信的原则,记录三角高程测量结果客观真实,牢记诚信乃为人之道与从业之根。

中国古建
巧构天工

3. 培养学生严守劳动纪律,按照三角高程测量任务要求与时间计划,做到井然有序进行劳动实践。

### 【实训前工具书准备】

1.《工程测量标准》(GB 50026—2020)。
2.《城市测量规范》(CJJ/T 8—2011)。
3.《测绘成果质量检查与验收》(GB/T 24356—2023)。

## 【实训要求】

1. 学时要求 2～3 学时。

2. 设备要求：借领全站仪 1 套，带基座的棱镜 1 套，小卷尺 1 个，记录板 1 个，自备铅笔 2 支。

3. 场地要求：通视良好的宽阔场地。

4. 成员要求：每组 4～5 人。

## 【实训内容与步骤】

1. 在测区选定了 4 个控制点形成一条闭合的环线，对选好的控制点按顺序进行编号并绘制三角高程路线示意图，如图 2－2 所示。

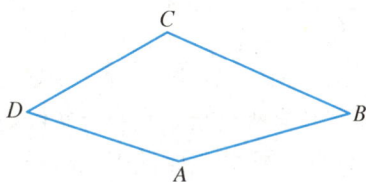

图 2－2　三角高程路线示意图

2. 把全站仪安置在 $A$ 点，进行严格对中、整平，在 $B$ 点安置棱镜，量取仪器高 $i$ 和棱镜高 $v$，并记入"三角高程路线观测记录表"中。

3. 用盘左位置瞄准 $B$ 点的棱镜中心，观测平距 $D$ 和竖直角 $a$，记入"三角高程路线观测记录表"。计算出球气差 $f$ 和 $A$、$B$ 两点的高差 $h_{AB} = D\tan a + i - v + f$，此为直觇。

4. 观测完毕，将全站仪搬到 $B$ 点，棱镜放在点上，同上述观测步骤进行观测、记录和计算，此为反觇。

5. 计算出 $A$、$B$ 两点间直、反觇高差的较差 $\Delta h$，并判断其较差是否超限，超限重测，不超限则取往、返测平均值作为该测段高差。

6. 沿线路方向依次完成各测段对向观测，直至闭合。

7. 计算高差闭合差是否超限，若超限则重测。合格即可进行成果计算。

## 【注意事项】

1. 尽量提高视线离地面高度，这样可有效削弱地面折光的影响，提高测量精度。

2. 仪器高和觇标高量取至毫米。

3. 观测时应进行仪器参数和棱镜常数的设置。

4. 注意设备使用安全和人身安全，实训过程中要友爱互助，体现集体意识和团队精神。

## 【思考与练习】

1. 三角高程测量的观测数据有哪些?
2. 三角高程测量中,误差的来源有哪些?
3. 三角高程测量进行对向观测的目的是什么?

## 【实训报告】

### 三角高程路线观测记录表

日期:　　　　　　　　　天气:　　　　　　　　　仪器型号:

组别:　　　　　　　　　姓名:　　　　　　　　　学　号:

| 测站点 | | | | | | | | |
|---|---|---|---|---|---|---|---|---|
| 觇点 | | | | | | | | |
| 觇法 | 直 | 反 | 直 | 反 | 直 | 反 | 直 | 反 |
| $\alpha$ | | | | | | | | |
| $D/m$ | | | | | | | | |
| $i/m$ | | | | | | | | |
| $-v/m$ | | | | | | | | |
| $f/m$ | | | | | | | | |
| $h/m$ | | | | | | | | |
| $\Delta h/m$ | | | | | | | | |
| $h_{中}/m$ | | | | | | | | |

## 【实训评价】

| 评价项目 | 评价标准 | 分值 | 评分 | |
|---|---|---|---|---|
| | | | 小组自评 | 教师评价 |
| 实训纪律 | 遵守纪律,按时出勤,不迟到,不早退 | 10 | | |
| 爱护仪器 | 爱护仪器工具,无仪器损坏现象,无违纪情况,文明作业 | 10 | | |
| 操作过程 | 操作熟练、规范,方法、步骤正确 | 30 | | |
| 记录计算 | 记录规范,计算正确,检核内容齐全 | 20 | | |
| 测量成果 | 精度符合要求 | 20 | | |
| 团队合作 | 服从组长安排,积极配合组员工作 | 10 | | |
| 总　分 | | 100 | | |

# 实训任务 11
# 全站仪坐标测量

## 【任务导航】

在全站仪"数据采集"程序中,建站、定向和坐标测量并储存数据是全站仪数字化测图的主要内容。本次实训通过练习全站仪的建站、定向和坐标测量,学习数据采集的方法与步骤。若实训场地没有足够的已知点,可通过假设方位角的方式临时测定假定坐标。

## 【职业技能目标】

1. 能描述全站仪的构造。
2. 能进行全站仪的建站工作。
3. 能用全站仪进行坐标测量。

科技赋能
立筑新生

## 【思政教育与劳动教育目标】

1. 培养学生严谨负责的科学精神,对待全站仪坐标测量数据认真记录、精确分析,在追求科学真理的道路上持之以恒。
2. 引导学生树立团队协作意识,在全站仪坐标测量任务中密切配合、有效沟通,充分凝聚团队的智慧和力量。
3. 强化学生的职业道德观念,在测量过程中严格遵守规范,确保数据真实可靠,以诚信为本服务工程建设。

## 【实训前工具书准备】

1.《工程测量标准》(GB 50026—2020)。
2.《城市测量规范》(CJJ/T 8—2011)。
3.《测绘成果质量检查与验收》(GB/T 24356—2023)。

## 【实训要求】

1. 学时要求:2～3学时。
2. 设备要求:借领全站仪1套,单棱镜1个,记录板1个,铅笔2支。

3. 场地要求：通视良好的宽阔场地。

4. 成员要求：每组 4～5 人。

微课

**全站仪坐标测量**

## 【实训内容与步骤】

### （一）场地布设

布设三个点（等边三角形为宜），三个点分别命名为 $A$、$B$、$C$，如图 2-3 所示。

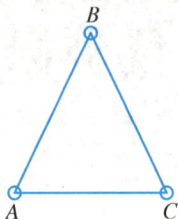

图 2-3 场地布设

### （二）数据准备

假定 $A$ 点的 $X$、$Y$ 坐标为（1000.000,1000.000），假定 $AB$ 方位角为 $30°00'00''$。

### （三）步骤

1. 以 $A$ 点为测站点，以 $B$ 点为后视点，使用全站仪的"角度定向"功能完成建站工作，并检核定向精度。

2. 完成建站后，使用全站仪的"数据采集"功能测量出 $B$ 点和 $C$ 点的坐标，保存在全站仪内存中并记入"坐标测量记录表"中。

3. 把仪器搬迁至 $B$ 点，以 $B$ 点作为测站点，以 $C$ 点作为后视点，并使用全站仪的"坐标定向"功能，完成建站工作，并检核定向精度。

4. 完成建站后，测量出 $A$ 点坐标，并检验测量精度，要求误差在 $\pm 2\ cm$ 以内。

## 【注意事项】

1. 全站仪对中和整平应符合作业要求。

2. 测量时，棱镜竖直并保持相对稳定。

3. 注意保存测量数据。

4. 仪器设备较为贵重，要注意设备使用安全，室外实训环境复杂，要注意人身和仪器安全。

5. 本实训项目需要小组合作完成，实训过程中要友爱互助，体现集体意识和团队精神。

## 【思考与练习】

本次观测精度若超限，试分析原因是什么？应采取什么措施解决？

## 【实训报告】

### 坐标测量记录表

日　　期：　　　　　　　　　天气：　　　　　　　　温　　度：
仪器型号　　　　　　　　　　气压：　　　　　　　　棱镜常数：
姓　　名：　　　　　　　　　组别：　　　　　　　　学　　号：

| 已知数据 | X/m | Y/m | H/m |
|---|---|---|---|
| 测站点 | | | |
| 后视点 | | | |
| 后视方位角 | | | |
| 观测数据记录 | | | |
| 点号 | X/m | Y/m | H/m | 备注 |
| | | | | |
| | | | | |
| | | | | |
| | | | | |

| 已知数据 | X/m | Y/m | H/m |
|---|---|---|---|
| 测站点 | | | |
| 后视点 | | | |
| 后视方位角 | | | |
| 观测数据记录 | | | |
| 点号 | X/m | Y/m | H/m | 备注 |
| | | | | |
| | | | | |
| | | | | |
| | | | | |

## 【实训评价】

| 评价项目 | 评价标准 | 分值 | 评分 | |
|---|---|---|---|---|
| | | | 小组自评 | 教师评价 |
| 实训纪律 | 遵守纪律,按时出勤,不迟到,不早退 | 10 | | |
| 爱护仪器 | 爱护仪器工具,无仪器损坏现象,无违纪情况,文明作业 | 10 | | |
| 操作过程 | 操作熟练、规范,方法、步骤正确 | 30 | | |
| 记录计算 | 记录规范,计算正确,检核内容齐全 | 20 | | |
| 测量成果 | 精度符合要求 | 20 | | |
| 团队合作 | 服从组长安排,积极配合组员工作 | 10 | | |
| 总　分 | | 100 | | |

# 实训任务 12
# 全站仪的检验与校正

## 【任务导航】

测量工作中必须使用检验合格的仪器设备，所有计量仪器均应按规定进行检验，并保留检测报告。通常，以下情况下必须进行常规检校：

（1）在第一次使用仪器前；

（2）在每次高精度测量前；

（3）在颠簸或长时间运输后；

（4）在长时间存放后；

（5）精密测量时，最后一次校正时的温度与当前温度变化超过 10℃。

全站仪的校正方法有机械校正和电子校正两种。通过本次实训掌握全站仪的检验项目并了解其校正方法：水准管轴 LL⊥竖轴 VV；圆水准器轴 L′L′∥纵轴 VV；视准轴 CC⊥横轴 HH；十字丝的竖丝⊥横轴 HH；横轴 HH⊥竖轴 VV。

## 【职业技能目标】

1. 能进行管水准器的检验与校正。

2. 能进行圆水准器的检验与校正。

3. 能进行望远镜分划板的检验与校正。

4. 能进行视准轴与横轴的垂直度（$2C$）的检验与校正。

5. 能进行横轴误差的检验与校正。

劳动精神
创造幸福

## 【思政教育与劳动教育目标】

1. 培养学生严谨求实的科学态度，对待全站仪的检验与校正工作一丝不苟，对每一个参数都精准把握，深刻领悟科学需要严谨的作风和精准的数据支撑。

2. 引导学生树立责任担当意识，明白全站仪的准确性对工程建设的重大影响，认真做好检验与校正工作，为工程质量负责。

3. 让学生体会劳动创造价值的成就感，通过精确的检验与校正，为全站仪的正常使用和工程建设提供保障，感受劳动对社会的重要贡献。

## 【实训前工具书准备】

1.《工程测量标准》(GB 50026—2020)。
2.《城市测量规范》(CJJ/T 8—2011)。
3.《测绘成果质量检查与验收》(GB/T 24356—2023)。

## 【实训要求】

1. 学时要求:2~3学时。
2. 设备要求:借领全站仪1套,带基座棱镜2套,记录板1个,自备铅笔2支。
3. 场地要求:室外开阔地带。

## 【实训内容与步骤】

### (一) 水准管轴 LL⊥竖轴 VV 的检验和校正

使仪器照准部水准管轴垂直于竖轴,这样就可以通过调整水准管气泡居中使竖轴铅垂,从而整平仪器。

1. 检验。将仪器大致整平,转动照准部使水准管和任意两个脚螺旋连线平行,转动这两个脚螺旋使水准管气泡居中,此时水准管轴水平。将照准部旋转180°,如果水准管气泡仍居中,表明条件满足;若气泡不居中,说明两轴不垂直,则需进行校正。

2. 校正。转动上述两个脚螺旋,使气泡向中央移动偏离量的一半,用校正针拨动水准管一端的校正螺丝,使气泡居中,此时水准管轴处于水平位置,竖轴处于铅垂位置。校正后,应按上述方法进行检验,若不满足条件,需反复进行检验校正,直至照准部旋转到任何位置,气泡均居中为止。

### (二) 圆水准器轴 L'L'∥纵轴 VV 的检验和校正

其目的是使圆水准气泡居中代表仪器纵轴铅垂。

1. 检验。根据校正后的水准管整平仪器,使纵轴铅垂,此时圆水准器的气泡如果不居中,则需要校正。

2. 校正。校正时,应松开气泡偏移方向对面的校正螺钉(1或2个),然后拧紧偏移方向的其余校正螺钉使气泡居中。气泡居中时三个校正螺钉的紧固力均应一致。

### (三) 视准轴 CC⊥横轴 HH 的检验和校正

使视准轴垂直于横轴,这样才能使望远镜绕横轴旋转时扫出的是一竖直平面。

1. 检验

(1) 在距离仪器同高的远处设置目标A,精确整平仪器并打开电源。

(2) 在盘左位置用望远镜照准目标A,读取水平角。

例:水平角 $L = 16°12'08''$。

(3) 松开垂直及水平制动手轮,转动望远镜,旋转照准部盘右照准同一A点(照准前

应旋紧水平及垂直制动手轮)读取水平角。

例：水平角 $R＝176°12'38''$。

(4) $2C＝L－(R±180°)＝-30''$，$|-30''|＞20''$，需校正。

### 2. 校正

(1) 用水平微动手轮将水平角读数调整到消除 $c$ 后的正确读数：

$R＋c＝176°12'38''-15''＝176°12'23''$

(2) 取下位于望远镜目镜与调焦手轮之间的分划板座护盖，调整分划板上水平左右两个十字丝校正螺钉，先松一侧后紧另一侧的螺钉，移动分划板使十字丝中心照准目标 $A$。

(3) 重复检验步骤，校正至 $|2C|＜20''$ 符合要求为止。

### (四) 十字丝竖丝⊥横轴 HH 的检验与校正

#### 1. 检验

(1) 整平仪器后在望远镜视线上选定一目标点 $A$，用分划板十字丝中心照准 $A$ 并固定水平和垂直制动手轮。

(2) 转动望远镜垂直微动手轮，使 $A$ 点移动至视场的边沿（$A'$点）。

(3) 若 $A$ 点沿十字丝的竖丝移动，即 $A'$点仍在竖丝之内，则十字丝不倾斜，不必校正。

#### 2. 校正

(1) 首先取下位于望远镜目镜与调焦于轮之间的分划板座护盖，便看见四个分划板座固定螺钉。

(2) 用螺丝刀均匀地旋松该 4 个固定螺钉，绕视准轴旋转分划板座，使 $A'$点落在竖丝的位置上。

(3) 均匀地旋紧固定螺钉，再用上述方法检验校正结果。

(4) 将护盖安装回原位。

### (五) 横轴 HH⊥竖轴 VV 的检验和校正

1. 检验。在离墙约 30 m 处安置全站仪。盘左瞄准高处墙上一点 $P$（仰角宜在 30°左右），制动照准部。然后，大致放平望远镜，用十字丝中心在墙上定出一点 $P_1$；再以盘右瞄准 $P$ 点，放平望远镜，在墙上定出一点 $P_2$；如果 $P_1$ 点与 $P_2$ 点重合，则横轴垂直于竖轴；若不重合，则需要进行校正。

2. 校正。通过调整横轴的固定螺丝进行校正。由于仪器横轴校正设备密封在仪器内部，该项校正应由仪器维修人员进行。

### 【注意事项】

1. 全站仪较为贵重且使用频率较高，为保证仪器具有正确的轴系关系，校正操作只需要了解，不需要实际操作。

2. 实训过程中要严格按照操作规程进行。爱护仪器设备，注意设备的使用安全及人身安全。

3. 本实训项目需要小组合作完成，实训过程中要友爱互助，体现团结协作精神。

**【思考与练习】**

1. 全站仪在哪些情况下必须进行检校?
2. 全站仪的主要轴线有哪些?

**【实训报告】**

全站仪的检验

日期:　　　　　　　　　天气:　　　　　　　　　仪器型号:

组别:　　　　　　　　　姓名:　　　　　　　　　学　号:

| 水准管轴的检验 | | |
|---|---|---|
| 检验 | 整平后 | 照准部旋转 180°后 |
| 水准管气泡位置 | | |
| 圆水准器轴的检验 | | |
| 检验 | 检验初始位置 | 检验结束位置 |
| 圆水准器气泡位置 | | |
| 视准轴的检验 | | |
| 内容 | 盘左读数 | 盘右读数 | $2C=L-(R\pm180°)$ |
| 第一次 | | | |
| 第二次 | | | |
| 第三次 | | | |

**【实训评价】**

| 评价项目 | 评价标准 | 分值 | 评分 | |
|---|---|---|---|---|
| | | | 小组自评 | 教师评价 |
| 实训纪律 | 遵守纪律,按时出勤,不迟到,不早退 | 10 | | |
| 爱护仪器 | 爱护仪器工具,无仪器损坏现象,无违纪情况,文明作业 | 10 | | |
| 操作过程 | 操作熟练、规范,方法、步骤正确 | 30 | | |
| 记录计算 | 记录规范,计算正确,检核内容齐全 | 20 | | |
| 测量成果 | 精度符合要求 | 20 | | |
| 团队合作 | 服从组长安排,积极配合组员工作 | 10 | | |
| 总　分 | | 100 | | |

# 实训任务 13
# GNSS – RTK 的认识与使用

## 【任务导航】

GNSS – RTK(Global Navigation Satellite System – Real-time Kinematic)全球导航卫星系统实时动态载波相位差分技术,是实时处理两个测量站点载波相位观测量的差分方法,将基准站采集的载波相位发给用户接收机,进行求差,从而解算坐标。这是日前常用的卫星定位测量方法,RTK 测量技术能够实时得到厘米级的定位精度,它的出现为工程放样、地形测图以及各种控制测量带来了新的测量原理和方法,极大地提高了作业效率。通过本次实训了解 GNSS – RTK 的工作原理与 GNSS – RTK 的连接、新建工程、设置工作模式、求转换参数以及点校正。

## 【职业技能目标】

1. 能理解 GNSS – RTK 的工作原理。
2. 能理解 RTK 相关的专业名词和概念。
3. 能进行 GNSS – RTK 的连接。
4. 能进行新建工程、求转换参数以及点校正。

自主创新
卓越逐梦

## 【思政教育与劳动教育目标】

1. 30 年来,北斗系统从无到有、直指寰宇、服务全球。全体北斗人践行"中国的北斗、世界的北斗、一流的北斗"发展理念,将北斗系统建设成为一张亮丽的"国家名片"。
2. 培养学生学习"自主创新、开放融合、万众一心、追求卓越"的新时代北斗精神。

## 【实训前工具书准备】

1.《工程测量标准》(GB 50026—2020)。
2.《城市测量规范》(CJJ/T 8—2011)。
3.《全球导航卫星系统(GNSS)测量规范》(GB/T 18314—2024)

## 【实训要求】

1. 学时要求：2～3 学时。
2. 设备要求：借领 GNSS－RTK 接收机 1＋$n$ 套（$n$ 为小组数量）。
3. 场地要求：室外开阔地带。
4. 人员要求：每组 4～5 人。

## 【实训内容与步骤】

### （一）GNSS－RTK 认识

GNSS－RTK 整个测量系统由基准站和移动站两个部分组成，采用动态相对定位模式。该系统在移动站和基准站之间通过数据链进行连接，数据链可以是电台或者网络。GNSS－RTK 定位由于操作简便、无误差积累、定位速度快等特点，被广泛应用于地形图测绘、工程放样等领域。但需要注意的是，GNSS－RTK 的定位精度为 1～2 cm，因此不能用于精密工程测量。

### （二）GNSS－RTK 使用

#### 1. 仪器连接

打开工程之星→点击配置→选择仪器连接，点击扫描→选中待连接的主机机身号→点击连接，蓝牙连接成功。

#### 2. 新建工程

（1）普通的新建工程操作步骤：点击工程→新建工程，输入工程名称→点击确定→输入坐标系统名称→设置坐标系统→输入中央子午线→点击确定。

（2）套用已有工程操作步骤：如果之前建立过工程，需要套用以前工程的参数，可以勾选套用模式，点击"选择套用工程"选择使用的工程文件，点击"确定"即可。

微课

**RTK 新建工程**

图 2－4　新建工程

### 3. 设置工作模式

#### (1) CORS 连接设置

打开工程之星,蓝牙连上主机后,点击配置→仪器设置→选择移动站设置,数据链选择:使用手簿连网时选择"手机网络",使用主机连网时选择"接收机移动网络"。

接着点击 CORS 连接设置→点击增加→依次输入名称、IP、端口、账户、密码、模式选择 NTRIP(移动站模式)→点击接入点选择,点击刷新接入点,选择好相应的接入点,完成参数配置→点击确定,返回模板参数管理页面,选中刚刚新增加的网络配置,点击连接→再点击确定,返回主页面,等待主机达到固定解后,即可进行作业。

#### (2) 电台 1+1 设置

① 基准站设置首先使用科力达工程之星连接主机,安装好电台天线,然后点击配置→仪器设置→基准站设置,进入数据链选择界面。作为电台工作模式时,数据链选择一般有"内置电台"与"外置电台"两种方式,当选择外置电台时,主机需要另外连接外挂大电台。

设置好电台协议、电台通道、波特率,波特率一般默认为 9600,如果使用外挂电台,这些参数需要在外挂电台上设置好,点击启动,完成基准站配置。

② 移动站设置首先使用科力达工程之星连接主机,主机装上电台天线,然后点击配置→仪器设置→移动站设置,数据链选择内置电台→点击数据链设置,通道设置和协议与外置电台设置一致,点击确定,即可完成移动站电台配置。

### 4. 求转换参数

#### (1) 设置坐标系统

打开科力达工程之星软件,新建或者打开一个工程,点击确定,进入坐标系统设置界面,输入坐标系统名称,点击目标椭球设置,进行目标椭球选择(默认使用 CGCS2000 坐标系)。

微课

**RTK 求转换参数**

#### (2) 设置投影参数

点击设置投影参数,主要设置投影方式(默认为高斯投影)及中央子午线(依据当地的经度确定),点击确定,把设置好的投影参数应用到当前工程。

工程之星软件中的四参数,指的是在投影设置下选定的椭球内 GPS 坐标系和施工测量坐标系之间的转换参数。

需要特别注意的是:参与计算的控制点原则上至少要用 2 个或 2 个以上的控制点,控制点等级的高低和点位分布,直接决定了四参数的控制范围。

经验上四参数理想的控制范围一般都在 20～30 平方公里以内。

#### (3) 坐标点添加

点击输入→求转换参数→点击添加。① 添加平面坐标点 A2(本地坐标),添加与 A2 点所对应的点 PT2 的大地坐标(RTK 直接输出的 PT2 的经纬度坐标),完成第一个点的输入。② 添加平面坐标 A3(本地坐标),添加与 A3 点所对应点 PT3 的大地坐标(RTK 直接输出的 PT3 的经纬度坐标),完成第二个点的输入。

#### (4) 完成四参数计算及应用

完成上方的步骤后,点击计算,即可计算出四参数,最后点击应用,即可将四参数应用

到当前工程上。

### 5. 校正向导（点校正）

#### （1）校正向导未知点设置

打开科力达工程之星，蓝牙连接移动站，在移动站达到固定解的前提下，点击输入→校正向导，校正模式选择"基准站架设在未知点"，点击下一步，可手动输入需要校正的平面坐标，也可以点击"点库获取"进行坐标选择，在完成"移动站已知平面坐标设置后"，移动站需要保持对中杆气泡居中，然后点击"校正"。完成"基准站架设在未知点"校正操作。

图 2-5　校正向导

#### （2）校正向导已知点设置

手簿连接移动站（在收到基准站信号情况下），进入校正向导界面，选择"基准站架设在已知点"，获取基准站相关信息并设置相关参数，点击"校正"，完成基准站架设在已知点模式校正。

### 【注意事项】

1. 基准站通常设置在地势开阔的未知点上，因此无须对中，大致整平即可。

2. 在使用内置电台时需要接上棒状天线用以收发差分信号。

3. 差分格式有多种，不同格式对应不同的特性，在使用中应注意。

4. 外置电台的波特率有的仪器只能设置为一固定频率，需特别注意。

5. RTK 能正常工作，差分信号必然传输通畅，RTK 不能正常工作时首先分析差分信号是否发送和接收。

微课

GNSS-RTK 点测量

### 【思考与练习】

1. 使用 RTK 时通道和频道有什么区别？它们分别用在哪里？

2. RTK 移动站解的类型有哪些？它们分别表示什么状态？

## 【实训报告】

### RTK 认识记录表

日期：　　　　　　天气：　　　　　　仪器型号：

班级：　　　　　　小组：　　　　　　姓　名：

| 工作模式 | 基站通道 | 基站频道或端口 | 波特率 | 差分格式 | 移动站通道 |
|---|---|---|---|---|---|
|  |  |  |  |  |  |
|  |  |  |  |  |  |
|  |  |  |  |  |  |
|  |  |  |  |  |  |
|  |  |  |  |  |  |
|  |  |  |  |  |  |
|  |  |  |  |  |  |
|  |  |  |  |  |  |
|  |  |  |  |  |  |
|  |  |  |  |  |  |
|  |  |  |  |  |  |
|  |  |  |  |  |  |
|  |  |  |  |  |  |

## 【实训评价】

| 评价项目 | 评价标准 | 分值 | 评分 | |
|---|---|---|---|---|
|  |  |  | 小组自评 | 教师评价 |
| 实训纪律 | 遵守纪律，按时出勤，不迟到，不早退 | 10 |  |  |
| 爱护仪器 | 爱护仪器工具，无仪器损坏现象，无违纪情况，文明作业 | 10 |  |  |
| 操作过程 | 操作熟练、规范，方法、步骤正确 | 30 |  |  |
| 记录计算 | 记录规范，计算正确，检核内容齐全 | 20 |  |  |
| 测量成果 | 精度符合要求 | 20 |  |  |
| 团队合作 | 服从组长安排，积极配合组员工作 | 10 |  |  |
| 总　分 | | 100 |  |  |

# 实训任务 14
# GNSS－RTK 点放样

## 【任务导航】

RTK 测量时,在基准站和移动站上所安置的 GNSS 接收机进行同步观测,基准站在接收卫星信号的同时向移动站发送实时差分改正数据,移动站在接收卫星信号的同时接收基准站所传输的实时差分改正数据,根据相对定位的原理,实时计算出移动站的三维坐标。GNSS－RTK 进行点放样时,测量人员根据移动站的三维坐标调整点位位置,直到与设计坐标一致。本次实训主要内容为创建项目、参数计算、导入放样点的坐标数据以及根据软件提示找到放样点位置。

## 【职业技能目标】

1. 能理解 GNSS－RTK 点放样及参数计算原理。
2. 能描述 GNSS－RTK 参数计算及点放样的操作方法。
3. 能进行放样操作和内业数据处理。

## 【思政教育与劳动教育目标】

1. 培养学生爱国主义情怀,了解 GNSS－RTK 成果背后彰显的国家实力,增强民族自豪感。
2. 培养学生科学与创新精神,掌握原理的同时思考优化流程,助力行业进步。
3. 培养学生团队合作及责任意识,明晰职责协作作业,严守规范保障质量。

天上"北斗"
近在身边

## 【实训前工具书准备】

1.《工程测量标准》(GB 50026—2020)。
2.《城市测量规范》(CJJ/T 8—2011)。
3.《全球导航卫星系统(GNSS)测量规范》(GB/T 18314—2024)。

## 【实训要求】

1. 学时要求:2~3 学时。

2. 设备要求:借领 GNSS-RTK 接收机 1+$n$ 套($n$ 为小组数量)。

3. 场地要求:室外开阔地带,包括控制点若干。

4. 人员要求:每组 4~5 人。

## 【实训内容与步骤】

微课

GNSS-RTK
点放样

### (一)新建工程

1. 新建工程,输入工程名称。

2. 设置投影参数,注意设置投影方式(默认为高斯投影)。

3. 设置中央子午线(依据当地的经度确定),把设置好的投影参数应用到当前工程。

### (二)参数计算

1. 收集控制点坐标,点击输入→求转换参数→点击添加。

2. 添加平面坐标点 A2(本地坐标),添加与 A2 点所对应的点 PT2 的大地坐标(RTK 直接输出的 PT2 的经纬度坐标),完成第一个点的输入。

3. 添加平面坐标 A3(本地坐标),添加与 A3 点所对应点 PT3 的大地坐标(RTK 直接输出的 PT3 的经纬度坐标),完成第二个点的输入。

4. 完成上方的步骤后,点击计算,即可计算出四参数,最后点击应用,即可将四参数应用到当前工程上。

5. 计算参数并检查是否超限,比例尺应为 0.9999~1.0000。

### (三)点放样

移动站达到固定解的情况下,依次点击测量→点放样→点击屏幕下方"目标",进入"放样点库",点击"添加",点击手动输入放样点输入,如果点数据很多,可提前批量导入到手簿中,点击编辑好的点坐标→点击点放样,即可进行放样。

## 【注意事项】

1. 放样前需要设置移动站并让其正常工作(通常能获取固定解)。

2. 放样数据格式可以多种,常用的为道路文件(ROD)、纬地道路设计文件(PM/JD)或 CASS 的 DAT 数据,注意其格式为点名、代码、东坐标、北坐标、高程。

3. 点校正时源坐标为测量坐标,当地坐标为已知坐标。

4. 对高程无要求或已知坐标不包括高程时,不勾选高程拟合。

5. 放样时需注意移动站解的状态。

## 【思考与练习】

1. 解释点校正或参数计算的工作原理。
2. 中央子午线如何设置？
3. 点校正时将东坐标和北坐标位置交换会有什么结果？
4. 基准站发生移动后，为什么不能继续放样，而需要重新点校正后才能继续工作？

## 【知识拓展】

### 这一次，国产测量装备登上世界之巅

2020 年 5 月 27 日 11 时，2020 珠峰高程测量登山队携带国产测量仪器，克服重重困难，成功从北坡登上珠穆朗玛峰峰顶。登顶后，测量登山队员在峰顶树立起测量觇标，使用 GNSS 接收机通过北斗卫星进行高精度定位测量，使用雪深雷达探测仪探测了峰顶雪深，并使用重力仪进行了重力测量。随着测量数据顺利采集，本次珠峰测量任务外业测量圆满完成。

"新中国成立后直到 2005 年，在我国进行的历次珠峰高程测量中，进口测绘设备都是主角。党的十八大以后，中国制造以前所未有的广度和深度参与国际社会的方方面面，国际领先的产品在各行各业不断出现。在这样的大背景下，用国产测量设备测量珠峰高度水到渠成。"2020 珠峰高程测量技术协调组组长、中国测绘科学研究院研究员党亚民表示，成功登顶珠峰，意味着我国自主测绘装备经受住了重重严苛考验，体现出国产测绘技术装备强大的研发能力、先进的技术水平。

2020 珠峰高程测量综合运用全球导航卫星系统（GNSS）测量、精密水准测量、光电测距、雪深雷达测量、重力测量、天文测量、卫星遥感、似大地水准面精化等多种传统和现代测绘技术，精确测定珠峰高程。

按照上述技术路线，本次珠峰测量充分利用北斗卫星导航系统、资源三号（ZY-3）等遥感卫星系统，设备主要包括全球导航卫星系统（GNSS）接收机和天线、长测程全站仪、峰顶觇标、雪深雷达测量仪、珠峰重力仪等。

应用北斗卫星导航系统进行高精度定位，是本次珠峰高程测量的一项重要技术创新。GNSS 接收机则是关键设备。

（以上摘自"自然资源部"公众号，《这一次，国产测量装备登上世界之巅》）

## 【实训报告】

### 点校正记录表

日期：                  天气：                  仪器型号：

班级：                  小组：                  姓　名：

| 点名 | X坐标 | Y坐标 | 经度 | 纬度 | 高程 | 水平精度 | 垂直精度 |
|---|---|---|---|---|---|---|---|
|  |  |  |  |  |  |  |  |
|  |  |  |  |  |  |  |  |
|  |  |  |  |  |  |  |  |
|  |  |  |  |  |  |  |  |
|  |  |  |  |  |  |  |  |
|  |  |  |  |  |  |  |  |
|  |  |  |  |  |  |  |  |
|  |  |  |  |  |  |  |  |
|  |  |  |  |  |  |  |  |
|  |  |  |  |  |  |  |  |
|  |  |  |  |  |  |  |  |
|  |  |  |  |  |  |  |  |
|  |  |  |  |  |  |  |  |
|  |  |  |  |  |  |  |  |
|  |  |  |  |  |  |  |  |
|  |  |  |  |  |  |  |  |

### 点放样记录表

日期： 天气： 仪器型号：
班级： 小组： 姓 名：

| 点名 | 放样数据 | | | | | | 是否超限 |
|---|---|---|---|---|---|---|---|
| | X 坐标 | Y 坐标 | 高程 | | | | |
| | | | | | | | |
| | | | | | | | |
| | | | | | | | |
| | | | | | | | |
| | | | | | | | |
| | | | | | | | |
| | | | | | | | |
| | | | | | | | |
| | | | | | | | |
| | | | | | | | |
| | | | | | | | |
| | | | | | | | |
| | | | | | | | |
| | | | | | | | |
| | | | | | | | |
| | | | | | | | |

## 【实训评价】

| 评价项目 | 评价标准 | 分值 | 评分 | |
|---|---|---|---|---|
| | | | 小组自评 | 教师评价 |
| 实训纪律 | 遵守纪律,按时出勤,不迟到,不早退 | 10 | | |
| 爱护仪器 | 爱护仪器工具,无仪器损坏现象,无违纪情况,文明作业 | 10 | | |
| 操作过程 | 操作熟练、规范,方法、步骤正确 | 30 | | |
| 记录计算 | 记录规范,计算正确,检核内容齐全 | 20 | | |
| 测量成果 | 精度符合要求 | 20 | | |
| 团队合作 | 服从组长安排,积极配合组员工作 | 10 | | |
| 总 分 | | 100 | | |

# 实训任务 15
# 高程测设

## 【任务导航】

在工程建设施工中,高程测设应用十分广泛。水准测量是高程测设最精密的方法。本实训任务利用水准测量的方法练习高程测设的操作步骤。

## 【职业技能目标】

1. 能进行高程测设元素的计算。
2. 能运用自动安平水准仪进行高程测设。

## 【思政教育与劳动教育目标】

1. 培养学生严谨科学态度,在高程测设中精准操作、严格核对数据,领悟科学的严肃性,养成一丝不苟的做事风格。

2. 培养学生责任担当意识,深知高程测设数据关乎工程质量,认真对待每一次测设,肩负起应有的责任。

3. 培养学生吃苦耐劳品质,不惧户外作业辛苦,在实践中磨炼意志,为今后工作打基础。

## 【实训前工具书准备】

1.《工程测量标准》(GB 50026—2020)。
2.《城市测量规范》(CJJ/T 8—2011)。
3.《测绘成果质量检查与验收》(GB/T 24356—2023)。

## 【实训要求】

1. 学时要求:2～3学时。
2. 设备要求:借领自动安平水准仪 1 套,水准尺 2 把,记录板 1 个,自备铅笔 2 支,计算器 1 个。
3. 场地要求:通视良好的宽阔场地。

4. 成员要求：每组 4～5 人。

## 【实训内容与步骤】

微课

高程测设

1. 在离给定的已知高程点 $A$ 与待测点 $B$（可在墙面上，也可在给定位置钉大木桩上）距离适中位置架设水准仪，在 $A$ 点上竖立水准尺。仪器整平后，瞄准 $A$ 尺读取的后视读数 $a$；此时视线高程为 $H_i = H_A + a$

2. 计算靠在所测设处的 $B$ 点桩上的水准尺上的前视读数应该为 $b$：

$$b = H_i - H_B = H_A + a - H_B$$

3. 将水准尺紧贴 $B$ 点木桩侧面，水准仪瞄准 $B$ 尺读数，靠桩侧面上下移动调整 $B$ 尺，当观测得到的 $B$ 尺的前视读数等于计算所得 $b$ 时，沿着尺底在木桩上画线，即为测设（放样）的高程 $H_B$ 的位置。

4. 改变仪器高度 10 cm 以上，用同样的方法再次测设 $B$ 点位置，检核测设精度是否满足要求，若超限，应重新测设。要求两次测设误差不超过 ±5 mm。

5. 同法可在其余各点桩上测设同样高程的位置。

## 【注意事项】

1. 水准尺必须扶直，不得左右、前后倾斜。立尺时注意检查水准尺是否零端向下。
2. 读数之前，应消除视差。
3. 保护好仪器、设备，严禁坐、压仪器箱。
4. 本实训项目需要小组合作完成，实训过程中要友爱互助，体现集体意识和团队精神。

## 【思考与练习】

1. 设计高程低于已知水准点高程时，应如何测设？
2. 设计高程与已知水准点高程高差超过水准尺的长度时，应如何测设？

## 【知识拓展】

### 某站场改造标高偏差质量事故

事故概况：某施工单位施工甲市站场改造项目，站场内需铺设线路及道岔，在施工完部分线路及道岔后，发现轨面标高有整体的误差。

原因分析：经过复核分析，发现站场内高程控制点 $A$ 下沉近 5 cm，在轨道施工测量时，现场测量人员以 $A$ 点为标高控制基准，进行轨道标高测量，造成了轨面标高整体的偏差。在站场内分布着 3 个标高控制点（其他两个为 $B$ 点和 $C$ 点，$B$、$C$ 点使用不便），利用 $A$ 点测量时，测量人员为图方便，既未闭合于 $B$、$C$ 点，也未对控制点进行定期复测，造成了轨面标高整体偏差的事实。

事故最终原因归结为：

1. 现场测量人员对测量复核制执行不力，测量人员责任心不强；

2. 测量控制点的埋设不符合标准,埋设地点及埋设深度不够,未按规范要求进行埋设。

### 【实训报告】

已知点 $A$ 的高程 $H_A = \underline{5.000}$ m

点 $B$ 的测设高程 $H_B = \underline{5.3n}$ m(例:某同学学号 01 号,则其测设高程为 5.301 m)

| 测量次数 | 测点 | 水准尺读数/m | 视线高($H_i = H_A + a = H_B + b$)/m | 两次测设误差 |
|---|---|---|---|---|
| 第一次 | A | | | |
| | B | | | |
| 第二次 | A | | | |
| | B | | | |

### 【实训评价】

| 评价项目 | 评价标准 | 分值 | 评分 | |
|---|---|---|---|---|
| | | | 小组自评 | 教师评价 |
| 实训纪律 | 遵守纪律,按时出勤,不迟到,不早退 | 10 | | |
| 爱护仪器 | 爱护仪器工具,无仪器损坏现象,无违纪情况,文明作业 | 10 | | |
| 操作过程 | 操作熟练、规范,方法、步骤正确 | 30 | | |
| 记录计算 | 记录规范,计算正确,检核内容齐全 | 20 | | |
| 测量成果 | 精度符合要求 | 20 | | |
| 团队合作 | 服从组长安排,积极配合组员工作 | 10 | | |
| 总 分 | | 100 | | |

# 实训任务 16
# 全站仪坐标放样

## 【任务导航】

工程建设施工阶段,需要将设计的建筑物平面位置和高程测设到实地上以指导施工。根据仪器配备情况和精度要求不同,点位测设可以采用全站仪或 GNSS－RTK 进行。全站仪具有点放样功能,只需输入已知数据和放样点的坐标,就会自动计算出放样所需的角度和距离值,然后通过相应的操作向导引导操作者快速完成放样工作。全站仪坐标法点位放样是目前常用的放样方法之一。通过本次实训要求学会利用全站仪坐标放样功能同队友配合放样出一系列坐标已知的点位。

## 【职业技能目标】

1. 进一步熟悉全站仪的建站工作。
2. 能描述全站仪点位放样的基本原理和操作步骤。
3. 能进行全站仪点位放样。

## 【思政教育与劳动教育目标】

1. 培养学生精益求精的专业精神,在全站仪坐标放样中精准操作仪器、严谨核对数据,确保放样准确无误。

2. 培养学生团结协作的合作意识,通过小组分工进行仪器安置、观测记录等工作,齐心攻克放样任务。

3. 培养学生敬业担当的责任观念,深知放样结果影响工程建设,以高度责任感对待每一步操作。

安全生产
防患未然

## 【实训前工具书准备】

1.《工程测量标准》(GB 50026—2020)。
2.《城市测量规范》(CJJ/T 8—2011)。
3.《测绘成果质量检查与验收》(GB/T 24356—2023)。

## 【实训要求】

1. 学时要求:2～3 学时。

2. 仪器要求:借领全站仪 1 套,棱镜杆 1 个,带基座棱镜 1 套;2 m 卷尺 1 把,自备铅笔 2 支。

3. 场地要求:通视良好、平坦宽阔场地。

4. 人员要求:每组 4～5 人。

微课

全站仪坐标放样

## 【实训内容与步骤】

### (一) 场地布设

若场地无控制点坐标,本次实训可采用任意坐标系进行。

1. 如图 2-6 所示,在实训场地的合适位置标定 $A$、$B$ 两点,两点间距 10～30 m。

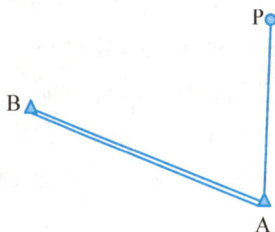

图 2-6　任意坐标测量

2. 进入全站仪的"数据采集"主功能,以 $A$ 点为测站点,假设 $A$ 点坐标为(600.000,600.000);采用全站仪的"数据采集"功能或"坐标测量"功能,以任意方向定向,直接测出 $B$ 点的坐标,记录下来。

3. 以 $B$ 点作为后视点,采用"坐标定向",完成建站工作;距 $A$ 点 10～30 m 处,标定任意点 $P$ 点,测量出 $P$ 点的坐标 $(X_p,Y_p)$。以 $P$ 点作为指导老师设计放样点的参考点。

### (二) 实训内容

指导教师根据 $P$ 点的坐标 $(X_P,Y_P)$,设计出 $P_1,P_2,P_3,P_4$ 的坐标,例如 $P_1(X_p+1.000,Y_p+1.000)$,$P_2(X_p-1.000,Y_p+1.000)$,$P_3(X_p-1.000,Y_p-1.000,)$,$P_4(X_p+1.000,Y_P-1.000)$ 每位同学至少完成一个点的坐标放样。

### (三) 放样步骤

1. 进入"放样"功能,放样模式有两个功能,如果坐标数据未被存入内存,可从键盘输入坐标,也可以通过计算机从传输电缆导入仪器内存。

2. 设置测站点。

3. 设置后视点,确定方位角(瞄准后视方向后按"确定")。

4. 输入或调用所需的放样数据,开始放样。

5. 放样过程中的主要两点:角度差 dHA 调为 0,距离差 dHD 测为 0。

6. 将 4 个点测设到地面上,并按照要求用"+"做好标志。

7. 放样完成后,根据已知点重新测量放样点坐标,检测放样精度,若超限,应重新放样。本次实训要求点位误差不超过 10 mm。实际工作中,点位放样精度要求与项目内容有关,应根据测量规范与技术要求具体确定。

## 【注意事项】

1. 在实际工作中,必须使用施工现场给定控制点的真实坐标进行建站工作。

2. 实施过程中严格按操作规程进行。对待数据要严肃认真,耐心仔细,确保成果质量。

3. 观测结果要严格按照测量规范与技术要求进行检核,一旦超限,立即重测。实际工作中,点位放样精度要求与项目内容有关。

## 【思考与练习】

1. 全站仪坐标放样的原理是什么?

2. 全站仪坐标放样过程中若没有输入仪器高和棱镜高是否影响放样点的位置?

3. 放样时,dHD 显示为"+"或"-"时分别代表什么意思? 应该怎样移动棱镜?

## 【实训报告】

### 点位放样数据记录表

日期: 　　　　　　　　天气: 　　　　　　　　仪器型号:

班级: 　　　　　　　　小组: 　　　　　　　　姓　名:

| 点号 | 坐标名称 | 设计坐标/m | 实测坐标/m | 较差/mm | 点位误差/mm |
|------|---------|-----------|-----------|---------|------------|
|      | X       |           |           |         |            |
|      | Y       |           |           |         |            |
|      | X       |           |           |         |            |
|      | Y       |           |           |         |            |
|      | X       |           |           |         |            |
|      | Y       |           |           |         |            |
|      | X       |           |           |         |            |
|      | Y       |           |           |         |            |
|      | X       |           |           |         |            |
|      | Y       |           |           |         |            |
|      | X       |           |           |         |            |
|      | Y       |           |           |         |            |
|      | X       |           |           |         |            |
|      | Y       |           |           |         |            |
|      | X       |           |           |         |            |
|      | Y       |           |           |         |            |

## 【实训评价】

| 评价项目 | 评价标准 | 分值 | 评分 | |
|---|---|---|---|---|
| | | | 小组自评 | 教师评价 |
| 实训纪律 | 遵守纪律,按时出勤,不迟到,不早退 | 10 | | |
| 爱护仪器 | 爱护仪器工具,无仪器损坏现象,无违纪情况,文明作业 | 10 | | |
| 操作过程 | 操作熟练、规范,方法、步骤正确 | 30 | | |
| 记录计算 | 记录规范,计算正确,检核内容齐全 | 20 | | |
| 测量成果 | 精度符合要求 | 20 | | |
| 团队合作 | 服从组长安排,积极配合组员工作 | 10 | | |
| 总　分 | | 100 | | |

# 实训任务 17
# 圆曲线测设放样

## 【任务导航】

道路中线由直线与平曲线组成,其曲线部分测设方法很多,不同条件下采用不同的方法。一般先测设曲线的主点,即曲线的起点、中点和终点。然后在主点间进行加密,按规定桩距测设曲线上的细部点,以便完整地标出曲线的平面位置。这项工作称为曲线的详细测设。本实训项目要求学会利用切线支距法以及偏角法完成圆曲线测设。

## 【职业技能目标】

1. 能进行圆曲线要素和里程的计算。
2. 能使用切线支距法进行圆曲线放样参数的计算和圆曲线测设。
3. 能使用偏角法进行圆曲线放样参数的计算和圆曲线测设。

高铁赋能
共享世界

## 【思政教育与劳动教育目标】

1. 培养学生严谨细致的态度,圆曲线测设放样需精准计算与操作,让学生对待每个环节都一丝不苟,确保结果准确。
2. 培养学生团队协作的能力,在测设放样时小组成员分工配合,共同应对难题,增强集体凝聚力与合作意识。
3. 培养学生创新探索的精神,鼓励思考优化测设方法,突破传统,为工程测量技术发展贡献智慧。

## 【实训前工具书准备】

1.《工程测量标准》(GB 50026—2020)。
2.《城市测量规范》(CJJ/T 8—2011)。
3.《测绘成果质量检查与验收》(GB/T 24356—2023)。

## 【实训要求】

1. 学时要求:2~3 学时。

2.设备要求:借领全站仪 1 套,基座棱镜 1 个,单棱镜 1 个,记录板 1 个,木桩若干、铁锤 1 把、自备计算器一个,铅笔 2 支。

3.场地要求:通视良好的宽阔场地。场地为软土,以便打桩。现场布设好足够的控制点。

4.成员要求:每组 4~5 人。

### 【实训内容与步骤】

1.由实训指导教师现场指定带测设圆曲线的交点和某转点的位置,具体数据如下:单圆曲线偏角 $\alpha=34°12'00''$,圆曲线半径 $R=200$ m,交点桩号为 K4+968.43,现要求用偏角法和切线支距法放样圆曲线。按每 20 m 一个桩号的整桩号法放样。

要求计算圆曲线要素、主点里程、偏角法放样参数和切线支距法放样参数,并分别用两种方法进行圆曲线的测设。将计算数据分别填入实训报告相应表格中。

2.圆曲线主点的测设。各小组将全站仪架设在各自的交点桩($JD$)上,对中调平,瞄准各自的转点($ZD$),后视归零,在视线瞄准的方向上量水平距离 $T$,定出 $ZY$ 点;旋转 $(180°-\alpha)/2$,量水平距离(外距)$E$,测设出 $QZ$ 点;再旋转 $(180°-\alpha)/2$,量水平距离 $T$,测设出 $YZ$ 点。

3.切线支距法圆曲线细部点的测设。切线支距法是以 $ZY$(或 $YZ$)点为坐标原点,以 $ZY$(或 $YZ$)点指向 $JD$ 的方向为 $X$ 轴,以 $ZY$(或 $YZ$)点指点圆心的方向为 $Y$ 轴,建立直角坐标系,计算圆曲线各细部点的坐标。基于此切线支距法圆曲线细部点的测设就是以 $ZY$(或 $YZ$)点坐标(0,0)为测站点,以 $JD(T,0)$ 为后视点,以计算的各细部点为放样点,利用全站仪坐标放样法进行圆曲线的测设。

4.偏角法圆曲线细部点的测设。将仪器安置在 $ZY$(或 $YZ$)点上,后视 $JD$ 点水平度盘归零,顺(逆)时针旋转偏角 $\varphi_i$,量取水平距离 $l_i$,定出各细部点;具体测设数据参考各组计算的数据。检核切线支距法和偏角法放样位置是否一致。

5.曲线放样点的精度要求点位误差≤2 cm。

6.不满足精度要求的,重新测设点的位置。

### 【注意事项】

1.根据交点位置测设直圆点、曲中点、圆直点时,应注意测设精度。

2.计算放样参数时,小组成员应同时计算,以便核对。

3.测设放样时,应注意全站仪或经纬仪上水平读数是向左增大还是向右增大。

### 【思考与练习】

1.切线支距法放样时,依据的直角坐标系是怎样建立的?

2.叙述测设圆曲线主点的步骤和方法。

3.利用全站仪坐标放样法,将全站仪安置在国家测量坐标系下的控制点上,如何进行圆曲线的放样?

## 【实训报告】

日期：　　　　　　　　天气：　　　　　　　　仪器型号：
班级：　　　　　　　　小组：　　　　　　　　姓　名：

### 计算圆曲线元素和主点里程

| 切线长/m | | ZY 点里程 | |
|---|---|---|---|
| 曲线长/m | | YZ 点里程 | |
| 外距/m | | QZ 点里程 | |
| 切曲差/m | | 检核 | |

### 切线支距法圆曲线放样细部点放样数据

| 点号 | 桩号 | ZY(YZ)至桩的曲线长/m | 圆心角/(° ′ ″) | X 坐标 | Y 坐标 |
|---|---|---|---|---|---|
| | | | | | |
| | | | | | |
| | | | | | |
| | | | | | |
| | | | | | |
| | | | | | |
| | | | | | |
| | | | | | |
| | | | | | |

### 偏角法圆曲线放样细部点放样数据

| 点号 | 桩号 | 曲线长/m | 偏角/(° ′ ″) | 偏角读数 | 弦长/m |
|---|---|---|---|---|---|
| | | | | | |
| | | | | | |
| | | | | | |
| | | | | | |
| | | | | | |
| | | | | | |
| | | | | | |
| | | | | | |
| | | | | | |

## 曲线放样记录表(桩号简图、测设过程)

【实训评价】

| 评价项目 | 评价标准 | 分值 | 评分 | |
|---|---|---|---|---|
| | | | 小组自评 | 教师评价 |
| 实训纪律 | 遵守纪律,按时出勤,不迟到,不早退 | 10 | | |
| 爱护仪器 | 爱护仪器工具,无仪器损坏现象,无违纪情况,文明作业 | 10 | | |
| 操作过程 | 操作熟练、规范,方法、步骤正确 | 30 | | |
| 记录计算 | 记录规范,计算正确,检核内容齐全 | 20 | | |
| 测量成果 | 精度符合要求 | 20 | | |
| 团队合作 | 服从组长安排,积极配合组员工作 | 10 | | |
| 总　分 | | 100 | | |

# 实训任务 18
# 道路纵横断面测量

　　道路纵断面测量又称中平测量,是指沿道路中线方向测量中桩高程,作为道路纵向坡度设计的依据;道路横断面测量是指测量中线上各里程桩处垂直于中线方向的地面高程,并绘制横断面图,用以表示垂直于路线中线方向(横向)的地形起伏状态,供路基设计、土石方计算区边桩测设之用。本实训项目通过完成某设计曲线上的纵横断面测量达到熟悉断面测量内容的目的。

## 【职业技能目标】

　　1. 能够利用水准仪进行中平测量及横断面测量。

## 【思政教育与劳动教育目标】

中国精神
工匠精神

　　1. 培养学生责任担当意识,道路纵、横断面测量关乎工程全局,引导学生严谨对待,为道路建设负责。

　　2. 培养学生团队协作精神,测量需多人配合完成各环节工作,让学生学会互助合作,提升协作能力。

　　3. 培养学生科学探索精神,鼓励在测量中思考优化方法,依据原理创新,推动测量技术进步。

## 【实训前工具书准备】

　　1.《工程测量标准》(GB 50026—2020)。

　　2.《城市测量规范》(CJJ/T 8—2011)。

　　3.《测绘成果质量检查与验收》(GB/T 24356—2023)。

## 【实训要求】

　　1. 学时要求:2～3 学时。

　　2. 设备要求:借领 DSZ$_3$ 自动安平水准仪 1 套,水准尺 1 对,全站仪 1 套,标杆 1 根,皮

尺 1 个,记录板 1 个,自备铅笔 1 支。

3. 场地要求:室外开阔地带。

4. 成员要求:每组 4~5 人。

【实训内容与步骤】

1. 要点。纵、横断面测量要注意前进的方向及前进方向的左右。

2. 流程。在 BM₁ 至 BM₂ 之间测各桩号高程,进行纵断面测量,再分别测量 K0+020、K0+060 两桩号的横断面点 1、2、3。

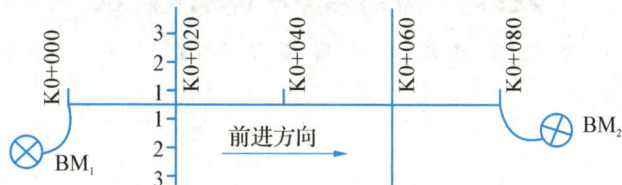

成果填入"横断面测量记录表"。

横断面测量技术要求:

$$高差限差 \leqslant \pm(L/1\,000 + h/100 + 0.2)$$

$$距离限差 \leqslant \pm(L/100 + 0.1)$$

式中:$h$——检测点至线路中桩的高差,m;

$L$——检测点至线路中桩的水平距离,m。

【注意事项】

1. 水准尺必须扶直,不得左右、前后倾斜。立尺时注意检查水准尺是否零端向下。

2. 读数之前,应消除视差。

3. 数据记录格式要规范,中平测量及横断面测量时高差以米为单位,取位至小数点后两位,必须注明正负号。

4. 数据记录要工整、清晰、整洁,不得转抄与涂改数据。

5. 测量工作在野外进行,要不畏严寒酷暑。实训过程中要严格按照操作规程进行。

6. 仪器设备较为贵重,要注意设备使用安全,室外实训环境复杂,要注意人身安全。

7. 本实训任务需要小组合作完成,实训过程中要友爱互助,体现集体意识和团队精神。

【思考与练习】

1. 怎样确定曲线段的横断面方向?

2. 道路断面测量的意义及作用是什么?

## 【实训报告】

### 中平测量记录表

日期： 　　　　　　　天气： 　　　　　　　仪器型号：
班级： 　　　　　　　小组： 　　　　　　　姓　名：

| 桩号 | 水准尺读数/m | | | 视线高 /m | 高程 /m | 备注 |
|---|---|---|---|---|---|---|
| | 后视 a | 中视 k | 前视 b | | | |
| | | | | | | |
| | | | | | | |
| | | | | | | |
| | | | | | | |
| | | | | | | |
| | | | | | | |
| | | | | | | |
| | | | | | | |
| | | | | | | |

### 横断面测量记录表

| 高程／距离 （左侧） | 中桩高程／桩　号 | 高程／距离 （右侧） |
|---|---|---|
| | | |
| | | |
| | | |
| | | |
| | | |
| | | |

## 【实训评价】

| 评价项目 | 评价标准 | 分值 | 评分 | |
|---|---|---|---|---|
| | | | 小组自评 | 教师评价 |
| 实训纪律 | 遵守纪律,按时出勤,不迟到,不早退 | 10 | | |
| 爱护仪器 | 爱护仪器工具,无仪器损坏现象,无违纪情况,文明作业 | 10 | | |
| 操作过程 | 操作熟练、规范,方法、步骤正确 | 30 | | |
| 记录计算 | 记录规范,计算正确,检核内容齐全 | 20 | | |
| 测量成果 | 精度符合要求 | 20 | | |
| 团队合作 | 服从组长安排,积极配合组员工作 | 10 | | |
| 总　分 | | 100 | | |

# 实训任务 19
# 无人机的认识与应用

## 【任务导航】

无人机是利用无线电遥控设备和自备的程序控制装置的不载人飞机。本次实训旨在了解无人机的工作原理、类型与构造。掌握无人机的连接与操作方法，探索其在工程测量中的应用场景，如地形测绘、工程监测等。通过实训提升对无人机的认识与应用能力，提高工程测量效率。

## 【职业技能目标】

1. 能理解无人机飞行基本原理。
2. 能描述无人机操作流程。
3. 能独自完成基本控制飞行，获得高质量无人机影像，理解无人机摄影测量原理。

## 【思政教育与劳动教育目标】

1. 培养学生爱国情怀与使命感，了解我国无人机领域成就，认识其应用价值，增强为科技强国助力的决心。

2. 培养学生创新探索精神，鼓励探索无人机在不同场景应用的新思路、新方法，激发创新思维。

3. 培养学生责任安全意识，明白无人机操作关乎公共安全等，严谨依规操作，担起应尽责任。

技能之光
点亮未来

## 【实训前工具书准备】

1. 《工程测量标准》(GB 50026—2020)。
2. 《城市测量规范》(CJJ/T 8—2011)。
3. 《测绘成果质量检查与验收》(GB/T 24356—2023)。

## 【实训要求】

1. 仪器室借领：无人机(含配套操控软件)、GNSS－RTK。

2. 自备:铅笔、纸张。

## 【实训内容与步骤】

微课

无人机起飞前
准备操作

1. 起飞前准备操作

(1) 安装无人机

开箱:从收纳箱中取出无人机,打开折叠机臂,打开脚架。放置在平地上。

锁紧机臂:将机臂红色锁扣锁紧,可用配件包里的防滑手套辅助。

安装螺旋桨:从收纳箱中拿出螺旋桨,安装在四个电机上。锁完螺旋桨后检查电机转动是否顺畅。

安装 PPK:将无人机摆放至空旷的平地,保证机头朝向与飞手朝向一致。将 PPK 天线垂直,锁紧旋钮。

安装网络天线:将网络天线插入机尾下端的接口处,拧紧。

打开遥控器:将遥控器天线竖起,短按下遥控电源开关后松开,再长按电源开关直至电量指示灯亮起。

安装电池上电:将电池安装在无人机上,使用扎带勒紧,注意摆放位置居中、电池朝向正确。安装完成后上电。

安装外壳:将外壳放置超过机头 3—5 cm,双手同时向下按压外壳前部和后部,往机身后方滑动,直至机身插销弹出卡住外壳。

(2) 连接地面站

平板连接遥控器:打开 KOLIDA GS 地面站,打开蓝牙,点击"开始连接"。

设置飞行参数:打开"飞行管理"进入飞行界面,设置飞行参数。设置返航高度、限高、距离限制、切换摇杆模式。

(3) 起飞前检查

检查螺旋桨是否卡件、电机转动是否顺畅、机臂是否拧紧、网络天线是否安装到位、相机工作是否正常、起飞场地是否空旷。

(4) 解锁

长按 GPS 上的解锁开关,听到自检通过语音后松开。若超过 30 秒自检还未通过,请重新上电;若重新上电后还未自检通过,请打开地面站 APP,查看具体报错信息。

2. 航线飞行操作

(1) 航线规划

可以 KML 导入或者无线网络规划航线。

(2) 任务飞行

无人机完成起飞前准备后,平板点击文件,选择"未执行任务"或"未完成任务"。点击"调用",待航线上传成功,点击"执行",执行航线飞行。

(3) 断点续飞

当飞机一个架次无法完成任务时,点击"标记",标记一个续飞点,返航后,更换电池,进入"未完成任务",选择任务,重新"调用",点击"执行"。当飞机飞到任务高度时,点击

"续飞",即可继续执行任务。

## 【注意事项】

1. 实训前需全面检查无人机设备,包括机身、电池、螺旋桨等,确保其性能良好,还要检查通信设备及地面电台等,保证飞行安全与数据传输稳定。

2. 根据测量区域的地形、气象等条件,合理规划飞行航线、高度和速度,避开障碍物与禁飞区,确保飞行安全与影像数据的完整性和准确性。

3. 飞行结束后,及时下载和备份数据,对数据进行筛选、校正等处理,剔除无效或错误数据,保证数据质量,为后续工程测量分析提供可靠依据。

4. 关注天气变化。

## 【思考与练习】

1. 无人机在工程测量中的精度受多种因素影响,如气象条件、飞行姿态等,在实际操作中,如何更有效地控制和提高测量精度,以满足不同工程测量项目的精度要求?

2. 有哪些更高效的数据处理方法和软件工具,能够在保证数据质量的前提下,快速地对采集的数据进行处理、分析和生成成果?

3. 如何确保无人机飞行的安全合规,以及如何及时了解和遵守不断更新的空域管理规定和相关法律法规?

## 【实训报告】

1. 阐述无人机的系统组成、飞行原理、分类。

2. 提交飞行操作记录:包含起飞、降落、悬停、航线规划与执行等基本飞行操作的视频或数据记录。

3. 提交无人机搭载的设备采集到的各类数据,如航拍图像、视频、地理信息数据等。

## 【实训评价】

| 评价项目 | 评价标准 | 分值 | 评分 | |
|---|---|---|---|---|
| | | | 小组自评 | 教师评价 |
| 实训纪律 | 遵守纪律,按时出勤,不迟到,不早退 | 10 | | |
| 爱护仪器 | 爱护仪器工具,无仪器损坏现象,无违纪情况,文明作业 | 10 | | |
| 操作过程 | 操作熟练、规范,方法、步骤正确 | 30 | | |
| 记录计算 | 记录规范,计算正确,检核内容齐全 | 20 | | |
| 测量成果 | 精度符合要求 | 20 | | |
| 团队合作 | 服从组长安排,积极配合组员工作 | 10 | | |
| 总　分 | | 100 | | |

# 第三部分

# 工程测量综合实训

# 综合实训 1
# 建筑工程测量综合实训

## 【案例导入】

项目概况：××项目位于××市××区，项目包括 1♯～22♯楼、P1♯～P5♯及地下车库，总建筑面积 15.9 万 m²，其中地上 11.7 万 m²，地下 1 层 4.26 万 m²；共计 20 栋楼，其中 1 栋 9 层、9 栋 11 层、2 栋 10 层、2 栋 17 层、6 栋 18 层及物业商业配套用房等。设计使用年限 50 年，总工期 361 日历天。

根据此项目概况，按指导教师提供的已知资料，在校内(外)综合实训基地模拟完成 1 号楼施工测量工作。其主要内容有：测量仪器的检校；平面控制测量；高程控制测量；高程测设；建筑物定位与放线；建筑物轴线投测。

由于建筑施工测量是随施工进度逐步开展，轴线竖向投测等后续测量工作本次实训不要求。

## 【职业技能目标】

1. 能理解水准仪和全站仪的使用、检校方法。
2. 能理解控制测量的基本理论和方法。
3. 能描述施工场地抄平的原理与方法。
4. 能描述建筑物定位放线的原理与方法。
5. 具备导线与水准路线的布设、外业施测和内业数据处理的能力。
6. 具备建筑物定位放线的能力。
7. 具备施工场地高程测设(抄平)的能力。
8. 具备建筑物轴线投测能力。

## 【思政教育与劳动教育目标】

1. 培养学生家国情怀与担当意识，认识到建筑工程测量对国家建设意义重大，严谨对待每一项测量任务，为高质量工程筑牢根基，肩负起建设祖国的责任。

2. 培养学生团队协作与沟通能力，综合实训需多人协同，分工完成仪器操作、数据记录等不同工作，让学生在交流配合中增强团队凝聚力，学会高效沟通解决问题。

3. 培养学生创新与科学精神,鼓励探索新测量技术、方法,遵循科学原理优化流程,以创新思维应对复杂测量状况,推动行业发展。

4. 培养学生吃苦耐劳、坚韧不拔的品质,面对户外复杂环境和长时间作业磨炼意志,养成不怕苦累的劳动素养。

## 【实训计划】

1. 设备要求:借领全站仪1台,棱镜2套(带脚架),单棱镜1套(带棱镜杆),自动安平水准仪1套,双面水准尺1对,记录板1个,钢钉若干,铁锤1个,红油漆适量。自备工具:计算器1台,铅笔数支,红蓝笔,橡皮等。

2. 场地要求:校内、外综合实训场地。

3. 人员要求:以小组为单位,每组4~5人,设置组长1名,组长统筹安排整个小组实训的相关工作。

4. 时间要求:1周(时间进程计划见表3-1)。

表3-1　实训安排计划表

| 内　　　容 | 时间/天 |
| --- | --- |
| 布置实训内容,领取仪器、设备,检验仪器 | 0.5 |
| 水准测量及内业计算 | 1 |
| 导线测量及内业计算 | 1.5 |
| 定位放线、轴线投测、高程测设 | 1.5 |
| 归还仪器、成果上交 | 0.5 |
| 总计 | 5 |

## 【实训内容与要求】

本次实训的主要内容包括测量仪器的检校、平面控制测量、高程控制测量、建筑物的定位和放线、高程的测设以及建筑物轴线投测。

1. 测量仪器的检校

按测量仪器的检核要求完成自动安平水准仪和全站仪的检核,提交检核报告。

2. 平面控制测量

本实训的平面控制采用闭合导线的布设形式,按三级导线测量的要求施测,参照《工程测量标准》(GB 50026—2020)中的三级导线相关技术要求。

表 3－2　导线测量的技术要求

| 等级 | 导线长度/km | 平均边长/km | 测角中误差/(″) | 测回数 | | 方位角闭合差/(″) | 相对闭合差 |
|---|---|---|---|---|---|---|---|
| | | | | DJ$_2$ | DJ$_6$ | | |
| 一级 | 4 | 0.5 | 5 | 2 | 4 | $\pm10\sqrt{n}$ | ≤1/15 000 |
| 二级 | 2.4 | 0.25 | 8 | 1 | 3 | $\pm16\sqrt{n}$ | ≤1/10 000 |
| 三级 | 1.2 | 0.1 | 12 | 1 | 2 | $\pm24\sqrt{n}$ | ≤1/5 000 |
| 图根 | $\leq0.001\alpha M$ | ≤1.5测图最大视距 | 30（加密控制）20（首级控制） | 1 | 1 | $\pm60\sqrt{n}$（加密控制）$\pm40\sqrt{n}$（首级控制） | ≤1/(2000×$\alpha$) |

注:$M$ 为测图比例尺的分母;$n$ 为测站数;$\alpha$ 比例系数。

(1) 选点

根据实训场地内已知控制点的分布情况,选择互相通视的两个已知点作为起算数据。然后以一个起始点出发,布设闭合导线,导线总长在 1 km 左右。导线边长应为 60～100 m。

点位的选择应符合选点要求,点位用钢钉或红油漆在地面做好标志,然后用字母、数字的组合为每个导线点按次序进行编号。

(2) 测距

使用全站仪的测距功能完成相邻两个控制点之间的距离测量工作,测距前注意完成棱镜常数等相关参数的设置工作。距离一般采用单程多测回的测量方式(10 mm 级仪器观测一个测回),一测回读数 2～4 次,读数较差≤10 mm,各测回间较差≤15 mm。

(3) 水平角观测

水平角观测采用测回法测一个测回。采用全站仪配合棱镜进行水平角测量时应精确照准棱镜中心。采用经纬仪配合标杆时,应尽量照准标杆的根部。角度闭合差应满足表2-2 的规定。

3. 高程控制测量

高程控制测量采用四等水准测量的形式。详细技术要求参见课内实训任务中表2-1。选择一个已知高程点作为起算数据,利用导线点的布设位置,施测一条闭合水准路线。

4. 高程测设

高程测设也称为抄平。指导教师根据实训场地情况设定水平面区域大小,给定设计高程,提供已知高程点,各小组完成指定区域的抄平任务。

5. 定位放线

根据老师提供的已知控制点和建筑物定位点坐标,以及建筑平面图所标尺才,将建筑物各轴线交点测设到实训场地,用木桩设置定位桩、交点桩和轴线控制桩。

特别注意,定位放线和抄平任务完成后,均需经指导教师检验后方可拔桩。

6. 轴线投测

（1）使用激光铅垂仪进行轴线投测

在建筑物底层平面设置至少 3 个辅助轴线交点，使用激光铅垂仪将轴线投测到指定楼层。

（2）使用经纬仪进行轴线投测

由指导教师在某建筑物前方现场确定一条轴线位置。要求使用经纬仪将该轴线用盘左盘右分中法投测到前方建筑物基础墙上，再以基础墙上的标记为基准，用盘左盘右分中法的方法投测到建筑物指定的楼层侧面墙壁上。

## 【实训注意事项】

1. 实训过程中注意人身安全。

2. 注意爱护仪器工具，仪器若有摔落、损毁将照价赔偿，并严肃处理直至取消实习资格，严禁坐仪器箱子、水准尺等。

3. 遵守实训作息时间，实训期间作息时间与上课时保持一致，不得无故旷课、迟到、早退，有事或生病需提前向指导教师请假，病假需提供证明。

4. 水准测量时，尺子应扶稳扶直，绝不允许脱开双手；工作间歇时不允许将水准尺靠在树上或墙上，应放在背阳侧平坦安全的地面上。

5. 实行组长负责制，各小组组长负责本组的实训组织和任务安排，小组成员应轮流操作。

6. 每天出工前和收工后，组长负责安排人员清点仪器设备数量，检查仪器设备是否完好，如发现问题及时报告。每次出发作业前，应检查仪器背带、提手、仪器箱的搭扣是否牢固。

7. 仪器应放在明亮、干燥、通风之处，不准放在潮湿地面上。

8. 从仪器箱内取用仪器时，应一手握住仪器基座，一手托住仪器支架，从仪器脚架上取下仪器放回箱内时，也应这样做，并将仪器按正确位置放置。

9. 仪器安置在测站上时，始终应有人看管；在野外使用仪器时，不得使仪器受到阳光的照射；暂停观测或遇小雨时，首先应把物镜罩盖好，然后用伞挡住仪器。

10. 使用铅笔记录数据，严禁涂改数据，保持记录本干净整洁。数据直接记录在规定的表格中，不得转抄誊写。

11. 每天实习收工后，应及时整理当天的外业观测资料，并做好资料的保管。

12. 实训期间请勿打闹嬉戏，实训场地禁止吸烟。

13. 严禁打架、严禁违规操作仪器、严禁穿背心和拖鞋参加实训、严禁在实训场地乱扔垃圾。

14. 定位放线或抄平任务完成后，均需经指导教师检验后方可拔桩。

## 【实训报告】

每人上交"工程测量综合实训报告"一份，装订成册。报告内容包括：

1. 封面（含班级、小组、组员、实训时间等）；

2. 控制测量外业观测记录表与成果计算表；

3. 控制点草图；

4. 桩位放样记录表；

5. 高程测设记录表；

6. 轴线投测记录表。

## 【成绩评定】

实训结束后，指导教师根据以下情现对学生的实训成绩进行综合评分。成绩分为优秀、良好、中等、及格和不及格 5 个档次。

1. 在实训中的出勤情况。

2. 实训所表现的态度和品质、分析问题解决问题的能力。

3. 仪器工具爱护的情况。

4. 小组所交资料完整度、完成实训任务的质量与实训报告的质量。

凡无故缺勤超过 30％的、严重损坏仪器工具、未交成果资料和实训报告、伪造原始观测数据者，以及仪器操作考核不及格者，均作不及格处理。

# 综合实训 2
# 道路工程测量综合实训

## 【案例导入】

项目概况：××市快速路东延建设工程,路线总长约 2.5 km。全线主线为双向 6 车道城市快速路,设计速度 80 km/h;辅道为双向 4 车道城市主干路,设计速度 50 km/h。通过竞标××测绘单位获得该公路工程项目从勘测设计到施工建设阶段的所有测绘工作。

根据线路工程测量方案设计,该线路工程测量分为初测、定测、施工测量。具体工作内容主要包括控制测量、带状地形图测绘、中线测量、纵横断面测量、施工放样、竣工测量等,其中施工放样包括道路、桥涵、隧道及其附属设施等施工放样工作。

结合实际条件,本综合实训完成初测与定测阶段的测量工作。施工放样需要与施工配合完成,有条件的可以选做。

实训内容概述：

(1) 初测阶段,沿线路布设控制点完成控制测量,并施测带状地形图。

(2) 定测阶段,将初步设计所定线路测设到实地,并结合现场情况改善线路位置。该阶段包括线路中线测量和纵横断面测绘。线路中线放线采用 GNSS - RTK 法或全站仪坐标法等。

线路中线测量含设置里程桩和加桩,以及曲线测设。曲线分为平曲线和竖曲线,根据其曲率半径特点,平曲线分为圆曲线和缓和曲线。

目前,圆曲线测设可先从设计图上直接获得曲线主点和细部点在测量坐标系中的坐标,然后将主点和细部点采用 GNSS - RTK 测设。若未直接提供坐标,可根据曲线设计元素采用坐标计算的方法自行计算。

线路纵断面测绘是利用初测水准点以中平测量的要求测出各里程桩、加桩处的地面高程,绘制反映沿线地面起伏情况的纵断面图。线路纵断面也可采用全站仪或 GNSS - RTK 测绘。线路纵断面图采用直角坐标法绘制,以里程为横坐标,以高程为纵坐标。里程比例尺常采用 1：2 000 或 1：1 000,为突出显示地形起伏状态高程比例尺通常为里程比例尺的 10～20 倍。

线路横断面测绘是在各中桩处测定垂直于道路中线方向的地面起伏,绘制横断面图。横断面上中桩的地面高程已在纵断面测量时测出,两侧地形特征点相对于中桩的平

距和高差可用水准仪皮尺法测定,也可与纵断面一起采用全站仪或 GNSS-RTK 测绘。线路横断面图的纵横比例尺相同,一般采用 1∶100 或 1∶200。在横断面图上应标定中桩位置和里程,将地面特征点逐一展在图上并连线,即绘出横断面图。

## 【职业技能目标】

1. 能理解水准仪和全站仪的使用、检校方法。
2. 能理解控制测量的基本理论和方法。
3. 能描述施工场地抄平的原理与方法。
4. 能描述道路中线测量的方法和道路纵横断面测量方法。
5. 具有进行控制测量和施工放线的能力。
6. 具有道路中线测量的能力。
7. 具有纵横断面图测量与绘制的能力。

## 【思政教育与劳动教育目标】

1. 培养学生工匠精神与责任意识。道路工程测量要求高精度,促使学生严谨对待每个数据,对测量结果负责,以追求卓越的态度保障道路建设质量,传承工匠精神。

2. 培养学生团队合作与奉献精神。实训中成员各司其职,相互配合,共同克服困难,学生在团队协作中学会奉献个人力量,为集体目标努力,提升团队整体效能。

3. 培养学生创新思维与科学素养。引导学生思考道路测量新技术应用,如结合卫星定位与地理信息系统,依据科学原理创新测量方法,提高效率与精度,培养学生用科学思维解决实际问题的能力。

4. 培养学生吃苦耐劳与职业坚守精神。道路测量常面临野外环境,学生在实训中锻炼体力与耐力,培养不畏艰难困苦的品质,树立对道路工程测量职业的热爱与坚守信念。

## 【实训计划】

1. 设备要求:借领全站仪 1 套,带基座棱镜 2 套,自动安平水准仪 1 套,水准尺 1 对,尺垫 2 个,记录板 1 个,碳素杆 1 个,木桩若干,锤子 1 把。自备工具:计算器 1 台,铅笔数支,红蓝笔,橡皮等。

2. 场地要求:校内、外综合实训场地。

3. 成员要求:以小组为单位,每组 4~5 人,设置组长 1 名,组长统筹安排整个小组实训的相关工作。

4. 时间要求:1 周(时间进程计划见表 3-3)。

表 3-3 实训安排计划表

| 内容 | 时间/天 |
|---|---|
| 布置实训内容,领取仪器、设备,检验仪器 | 0.5 |
| 水准测量及内业计算 | 1 |
| 导线测量及内业计算 | 1.5 |
| 中线测量,资料整理 | 1.5 |
| 归还仪器、成果上交 | 0.5 |
| 总计 | 5 |

## 【实训内容与要求】

本次实训的主要内容包括测量仪器的检核、平面控制测量、高程控制测量、道路中线测量、纵断面测量 、横断面测量。

### 1. 测量仪器的检核

按测量仪器的检核要求完成自动安平水准仪和全站仪的检核,提交检核报告。

### 2. 平面控制测量

按三级导线测量施测,如"综合实训1"平面控制测量所述。

### 3. 高程控制测量

按四等水准测量施测,如"综合实训1"高程控制测量所述。

### 4. 道路中线测量(含曲线测设)

(1)由实训指导教师现场指定带测设圆曲线的交点和某转点的位置,具体数据如下:单圆曲线偏角 $\alpha = 42°18'12''$,圆曲线半径 $R = 300$ m,交点桩号为 K5+968.43,现要求用偏角法和切线支距法放样圆曲线。按每 20 m 一个桩号的整桩号法放样。

要求计算圆曲线要素、主点里程、偏角法放样参数和切线支距法放样参数,并分别用两种方法进行圆曲线的测设。将计算数据分别填入综合实训报告相应表格中。

(2)圆曲线主点的测设。各小组将全站仪架设在各自的交点桩(JD)上,对中调平,瞄准各自的转点(ZD),后视归零,在视线瞄准的方向上量水平距离 $T$,定出 ZY 点;旋转 $(180°-\alpha)/2$,量水平距离(外距) $E$,测设出 QZ 点;再旋转 $(180°-\alpha)/2$,量水平距离 $T$,测设出 YZ 点。

(3)切线支距法圆曲线细部点的测设。切线支距法是以 ZY(或 YZ)点为坐标原点,以 ZY(或 YZ)点指向 JD 的方向为 X 轴,以 ZY(或 YZ)点指点圆心的方向为 Y 轴,建立直角坐标系,计算圆曲线各细部点的坐标。基于此切线支距法圆曲线细部点的测设就是以 ZY(或 YZ)点坐标(0,0)为测站点,以 JD(T,0)为后视点,以计算的各细部点为放样点,利用全站仪坐标放样法进行圆曲线的测设。

(4)偏角法圆曲线细部点的测设。将仪器安置在 ZY(或 YZ)点上,后视 JD 点水平度盘归零,顺(逆)时针旋转偏角 $\varphi_i$,量取水平距离 $l_i$,定出各细部点;具体测设数据参考各组计算的数据。检核切线支距法和偏角法放样位置是否一致。

（5）曲线放样点的精度要求点位误差≤2 cm。

### 5. 线路纵断面测量(中平测量)

（1）利用已完成测量的高程控制点,对所放平曲线进行中平测量,完成曲线段各中桩点高程的测量工作。

（2）纵断面测量技术要求:中桩高程宜观测两次,两次测量成果满足表3-4中平测量精度要求。

（3）绘制线路平曲线段的纵断面图。

表3-4 中平测量精度要求

| 公路等级 | 闭合差/mm | 两次测量之差/mm |
|---|---|---|
| 高速公路,一二级公路 | $\leqslant\pm30\sqrt{L}$ | ≤5 |
| 三级及三级以下公路 | $\leqslant\pm50\sqrt{L}$ | ≤10 |

注:$L$ 为中平测量的路线长度(km)。

### 6. 线路横断面测量

（1）完成 $ZY$、$QZ$、$YZ$ 桩点的横断面测量任务,左右两侧各 20 m。

利用全站仪或中心方向架可确定各点横断面方向(即圆曲线上各点的半径方向),并在横断面方向上选定若干变坡点。以周围相近高程控制点为后视,利用水准仪皮尺法测得横断面上各变坡点高程及变坡点至中桩点距离。

（2）横断面测量技术要求:

$$高差限差\leqslant\pm(L/1\,000+h/100+0.2)$$
$$距离限差\leqslant\pm(L/100+0.1)$$

式中:$h$——检测点至线路中桩的高差(m);

　　　$L$——检测点至线路中桩的水平距离(m)。

（3）绘制线路平曲线段的横断面图。

## 【实训注意事项】

1. 实训过程中注意人身安全。

2. 注意爱护仪器工具,仪器若有摔落、损毁将照价赔偿,并严肃处理直至取消实习资格,严禁坐仪器箱子、水准尺等。

3. 遵守实训作息时间,实训期间作息时间与上课时保持一致,不得无故旷课、迟到、早退,有事或生病需提前向指导教师请假,病假需提供证明。

4. 水准测量时,尺子应扶稳扶直,绝不允许脱开双手;工作间歇时不允许将水准尺靠在树上或墙上,应放在背阳侧平坦安全的地面上。

5. 实行组长负责制,各小组组长负责本组的实训组织和任务安排,小组成员应轮流操作。

6. 每天出工前和收工后,组长负责安排人员清点仪器设备数量,检查仪器设备是否完好,如发现问题及时报告。每次出发作业前,应检查仪器背带、提手、仪器箱的搭扣是否

牢固。

7. 仪器应放在明亮、干燥、通风之处，不准放在潮湿地面上。

8. 从仪器箱内取用仪器时，应一手握住仪器基座，一手托住仪器支架，从仪器脚架上取下仪器放回箱内时，也应这样做，并将仪器按正确位置放置。

9. 仪器安置在测站上时，始终应有人看管；在野外使用仪器时，不得使仪器受到阳光的照射；暂停观测或遇小雨时，首先应把物镜罩盖好，然后用伞挡住仪器。

10. 使用铅笔记录数据，严禁涂改数据，保持记录本干净整洁。数据直接记录在规定的表格中，不得转抄誊写。

11. 每天实习收工后，应及时整理当天的外业观测资料，并做好资料的保管。

12. 实训期间请勿打闹嬉戏，实训场地禁止吸烟。

13. 严禁打架、严禁违规操作仪器、严禁穿背心和拖鞋参加实训、严禁在实训场地乱扔垃圾。

14. 中线测量任务完成后，均需经指导教师检验后方可拔桩。

## 【实训报告】

每人上交"工程测量综合实训报告书"一份，装订成册。报告书内容包括：

1. 封面（含班级、小组、组员、实训时间等）；

2. 控制测量外业观测记录表与成果计算表；

3. 控制点草图；

4. 曲线要素计算表，曲线测设数据表；

5. 纵横断面观测记录表，纵横断面图；

## 【成绩评定】

实训结束后，指导教师根据以下情现对学生的实训成果进行综合评分。成绩分为优秀、良好、中等、及格和不及格5个档次。

1. 在实训中的出勤情况。

2. 实训所表现的态度和品质、分析问题解决问题的能力。

3. 仪器工具爱护的情况。

4. 小组所交资料完整度、完成实训任务的质量与实训报告的质量。

凡无故缺勤超过30%的、严重损坏仪器工具、未交成果资料和实训报告、伪造原始观测数据者，均作不及格处理。

# 工程测量综合实训
## 实训报告

实训名称:_____

实训时间:_____

班　　级:_____

姓　　名:_____

学　　号:_____

组　　号:_____

小组成员:_____

## 四等水准测量观测记录表

日期：　　　　　　　　　天气：　　　　　　　　　仪器型号：

组别：　　　　　　　　　姓名：　　　　　　　　　学　　号：

| 测站编号 | 点号 | 后尺 上丝<br>下丝<br>后视距/m<br>视距差/m | 前尺 上丝<br>下丝<br>前视距/m<br>累积差 $\sum d$/m | 方向及尺号 | 中丝读数/m | | K+黑-红/mm | 平均高差/m | 备注 |
|---|---|---|---|---|---|---|---|---|---|
| | | | | | 黑面 | 红面 | | | |
| | | (1)<br>(2)<br>(9)<br>(11) | (5)<br>(6)<br>(10)<br>(12) | 后尺<br>前尺<br>后-前 | (3)<br>(7)<br>(15) | (4)<br>(8)<br>(16) | (13)<br>(14)<br>(17) | (18) | |
| | | | | 后 | | | | | |
| | | | | 前 | | | | | 记录者： |
| | | | | 后-前 | | | | | 观测者： |
| | | | | | | | | | |
| | | | | 后 | | | | | |
| | | | | 前 | | | | | 记录者： |
| | | | | 后-前 | | | | | 观测者： |
| | | | | | | | | | |
| | | | | 后 | | | | | |
| | | | | 前 | | | | | 记录者： |
| | | | | 后-前 | | | | | 观测者： |
| | | | | | | | | | |
| | | | | 后 | | | | | |
| | | | | 前 | | | | | 记录者： |
| | | | | 后-前 | | | | | 观测者： |
| | | | | | | | | | |
| | | | | 后 | | | | | |
| | | | | 前 | | | | | 记录者： |
| | | | | 后-前 | | | | | 观测者： |
| | | | | | | | | | |

| 测站编号 | 点号 | 后尺 上丝 / 下丝 | 前尺 上丝 / 下丝 | 方向及尺号 | 中丝读数/m | | K+黑-红 /mm | 平均高差 /m | 备注 |
|---|---|---|---|---|---|---|---|---|---|
| | | 后视距/m | 前视距/m | | 黑面 | 红面 | | | |
| | | 视距差/m | 累积差 $\sum d$ /m | | | | | | |
| | | (1) (2) (9) (11) | (5) (6) (10) (12) | 后 前 后-前 | (3) (7) (15) | (4) (8) (16) | (13) (14) (17) | (18) | |
| | | | | 后 | | | | | 记录者: |
| | | | | 前 | | | | | |
| | | | | 后-前 | | | | | 观测者: |
| | | | | | | | | | |
| | | | | 后 | | | | | 记录者: |
| | | | | 前 | | | | | |
| | | | | 后-前 | | | | | 观测者: |
| | | | | | | | | | |
| | | | | 后 | | | | | 记录者: |
| | | | | 前 | | | | | |
| | | | | 后-前 | | | | | 观测者: |
| | | | | | | | | | |
| | | | | 后 | | | | | 记录者: |
| | | | | 前 | | | | | |
| | | | | 后-前 | | | | | 观测者: |
| | | | | | | | | | |
| 检核计算 | | | | | | | | | |

**水准路线示意图**

水准测量成果计算表

| 点　号 | 距离/m | 观测高差/m | 改正数/m | 改正后高差/m | 高程/m | 备　注 |
|---|---|---|---|---|---|---|
|  |  |  |  |  |  |  |
|  |  |  |  |  |  |  |
|  |  |  |  |  |  |  |
|  |  |  |  |  |  |  |
|  |  |  |  |  |  |  |
|  |  |  |  |  |  |  |
|  |  |  |  |  |  |  |
|  |  |  |  |  |  |  |
|  |  |  |  |  |  |  |
|  |  |  |  |  |  |  |
|  |  |  |  |  |  |  |
|  |  |  |  |  |  |  |
|  |  |  |  |  |  |  |
|  |  |  |  |  |  |  |
| Σ |  |  |  |  |  |  |

辅助计算：

(导线测量)水平角观测记录表

| 测站 | 竖盘位置 | 目标 | 水平度盘读数 /(° ′ ″) | 半测回角值 /(° ′ ″) | 一测回平均角值 /(° ′ ″) | 备注 |
|---|---|---|---|---|---|---|
| | | 左 | | | | |
| | | 右 | | | | |
| | | 左 | | | | |
| | | 右 | | | | |
| | | 左 | | | | |
| | | 右 | | | | |
| | | 左 | | | | |
| | | 右 | | | | |

(导线测量)距离测量记录表

| 边　名 | 往测/m | 返测/m | 精度 | 平均值/m | 备注 |
|---|---|---|---|---|---|
| | | | | | |
| | | | | | |
| | | | | | |
| | | | | | |
| | | | | | |

(导线测量)水平角观测记录表

| 测站 | 竖盘位置 | 目标 | 水平度盘读数 /(° ′ ″) | 半测回角值 /(° ′ ″) | 一测回平均角值 /(° ′ ″) | 备注 |
|---|---|---|---|---|---|---|
| | 左 | | | | | |
| | | | | | | |
| | 右 | | | | | |
| | | | | | | |
| | 左 | | | | | |
| | | | | | | |
| | 右 | | | | | |
| | | | | | | |
| | 左 | | | | | |
| | | | | | | |
| | 右 | | | | | |
| | | | | | | |
| | 左 | | | | | |
| | | | | | | |
| | 右 | | | | | |
| | | | | | | |

(导线测量)距离测量记录表

| 边 名 | 往测/m | 返测/m | 精度/m | 平均值/m | 备注 |
|---|---|---|---|---|---|
| | | | | | |
| | | | | | |
| | | | | | |
| | | | | | |
| | | | | | |

**导线测量成果计算表**

| 点号 | 角值 | | 方位角 | 边长/m | 坐标增量/m | | 改正后坐标增量/m | | 点号 | 坐标/m | |
|---|---|---|---|---|---|---|---|---|---|---|---|
| | 观测值/(°′″) | 改正数/(″) 改正后角值/(°′″) | | | $\Delta x'$ | $\Delta y'$ | $\Delta x$ | $\Delta y$ | | X | Y |
| 1 | 2 | 3　　　　4 | 5 | 6 | 7 | 8 | 9 | 10 | 11 | 12 | 13 |
| 1 | | | | | | | | | 1 | | |
| 2 | | | | | | | | | 2 | | |
| 3 | | | | | | | | | 3 | | |
| 4 | | | | | | | | | 4 | | |
| 5 | | | | | | | | | 5 | | |
| 6 | | | | | | | | | 6 | | |
| 7 | | | | | | | | | 7 | | |

续　表

| 点号 | 角值 | | 改正后角值/(°′″) | 方位角 | 边长/m | 坐标增量/m | | 改正后坐标增量/m | | 点号 | 坐标/m | |
|---|---|---|---|---|---|---|---|---|---|---|---|---|
| | 观测值/(°′″) | 改正数/(″) | | | | Δx′ | Δy′ | Δx | Δy | | X | Y |
| 1 | 2 | 3 | 4 | 5 | 6 | 7 | 8 | 9 | 10 | 11 | 12 | 13 |
| | | | | | | | | | | | | |
| | | | | | | | | | | | | |
| | | | | | | | | | | | | |
| | | | | | | | | | | | | |
| | | | | | | | | | | | | |
| | | | | | | | | | | | | |
| | | | | | | | | | | | | |
| | | | | | | | | | | | | |

辅助计算

$f_\beta=$　　$f_{\beta 路}=$
$f_x=$　　$f_y=$
$f_D=$　　$k=$

注:角度及改正数的计算取位至 1 秒,距离、坐标及相关改正数的计算取位至 1 mm。

平曲线逐桩坐标值表

| 桩号 | 平面坐标 | |
|---|---|---|
| | X 坐标 | Y 坐标 |
| | | |
| | | |
| | | |
| | | |
| | | |
| | | |
| | | |
| | | |
| | | |
| | | |
| | | |
| | | |
| | | |
| | | |
| | | |
| | | |
| | | |
| | | |
| | | |
| | | |
| | | |
| | | |

平曲线放样(简图、详细测设过程)

中平测量记录计算表

| 桩号 | 水准尺读数/m | | | 视线高/m | 高程/m | 备注 |
|---|---|---|---|---|---|---|
| | 后视 a | 中视 k | 前视 b | | | |
| | | | | | | |
| | | | | | | |
| | | | | | | |
| | | | | | | |
| | | | | | | |
| | | | | | | |
| | | | | | | |
| | | | | | | |
| | | | | | | |
| | | | | | | |
| | | | | | | |
| | | | | | | |
| | | | | | | |
| | | | | | | |
| | | | | | | |
| | | | | | | |
| | | | | | | |
| | | | | | | |
| | | | | | | |
| | | | | | | |
| | | | | | | |
| | | | | | | |

## 横断面测量记录表

| 高程<br>距离（左侧） | 中桩高程<br>桩　号 | 高程<br>距离（右侧） |
|---|---|---|
| | | |
| | | |
| | | |
| | | |
| | | |
| | | |
| | | |
| | | |
| | | |
| | | |
| | | |
| | | |
| | | |
| | | |
| | | |
| | | |
| | | |
| | | |
| | | |

# 参考文献

[1] 中国有色金属工业协会. GB 50026—2020:工程测量标准[S].北京:中国计划出版社,2021.

[2] 北京市测绘设计研究院.CJJ/T 8—2011:城市测量规范[S].北京:中国建筑工业出版社,2012.

[3] 国家标准化管理委员会.GB/T 18314—2024:全球导航卫星系统(GNSS)测量规范[S]. 北京:中国标准出版社,2024

[4] 中国国家标准化管理委员会.GB/T 24356—2023:测绘成果质量检查与验收[S].中国标准出版社,2023.

[5] 姜树辉,巨辉.建筑工程测量实训[M].重庆:重庆大学出版社,2020.

[6] 杨守菊.工程测量实训手册[M].重庆:重庆大学出版社,2022.

[7] 陈凯.工程测量[M].3 版.北京:人民交通出版社,2023.

[8] 唐杰军.道路工程测量[M].3 版.北京:人民交通出版社,2023.

# 工程测量实训
## 记录页

# 工程测量实训

## 记录页

# 工程测量实训
## 记 录 页

# 工程测量实训
## 记录页

# 工程测量实训
## 记录页

# 工程测量实训记录页

# 工程测量实训

## 记录页

# 工程测量实训

## 记录页

# 工程测量实训
# 记录页

# 工程测量实训
## 记录页

# 工程测量实训
## 记录页

# 工程测量实训
## 记录页